Einführung in die Stoffübertragung

Ernst-Ulrich Schlünder

50 Abbildungen

1984
Georg Thieme Verlag Stuttgart · New York

Prof. Dr.-Ing.
Ernst-Ulrich Schlünder

Lehrstuhl und Institut
für Thermische Verfahrenstechnik
Universität Karlsruhe (TH)

Kaiserstraße 12
D-7500 Karlsruhe 1

CIP-Kurztitelaufnahme der Deutschen Bibliothek

Schlünder, Ernst-U.:
Einführung in die Stoffübertragung / E.-U.
Schlünder. – Stuttgart ; New York : Thieme,
1984.
(Lehrbuchreihe Chemieingenieurwesen/Verfahrens-
technik)

Rüdigerstraße 14, D-7000 Stuttgart 30
Printed in Germany

Satz: Daten- und Lichtsatz-Service, D-8700 Würzburg (gesetzt auf Bedford-System)
Druck und Einband: Graphischer Betrieb Konrad Triltsch GmbH, D-8700 Würzburg

ISBN 3-13-657401-X

Vorwort

Die Gesetze der Stoffübertragung spielen bei allen verfahrenstechnischen Prozessen, in denen der Zustand von Stoffgemischen verändert wird, eine Rolle. Insbesondere sind dies die physikalischen Trennverfahren und zahlreiche chemische Reaktionen. Aber auch in der Heiz- und Kühltechnik, der Klimatechnik und Energietechnik (Kühltürme) sind diese Gesetze wichtig.

Oft sind Stoffübertragungsvorgänge mit Wärmeübertragungsvorgängen verbunden, wie z. B. bei der Trocknung, bei der Verdampfung und Kondensation von Gemischen, bei der Verbrennung und bei zahlreichen anderen chemischen Reaktionen.

Aus dieser Aufzählung folgt, daß zum Verständnis von Stoffübertragungsvorgängen Grundkenntnisse aus der Mischphasenthermodynamik und der Lehre von der Wärmeübertragung erforderlich sind.

Das Buch enthält 3 Hauptabschnitte. Im ersten werden 3 Prototypen von Stoffaustauschapparaten mit Hilfe eines einfachen kinetischen Ansatzes für die Stoffübertragung analysiert, um zu zeigen, wozu man die Gesetze der Stoffübertragung benötigt. Dabei wird auch gezeigt, wie diese Gesetze mit denen der Thermodynamik verbunden werden müssen, wenn man die technischen Eigenschaften von Stoffaustauschapparaten quantitativ beschreiben will.

Der zweite Abschnitt ist den physikalischen Grundlagen der Stoffübertragung gewidmet. Ausgangspunkt ist die Diffusion in sehr verdünnten Gasen. Die Diffusion in mäßig verdünnten Gasen und Flüssigkeiten schließt sich an. Die Diffusion in Vielstoffgemischen wird am Beispiel einer heterogenen Gasphasereaktion erklärt. Das Ergebnis dieser Studien sind fallweise unterschiedliche physikalische Begründungen und Erweiterungen des im ersten Hauptabschnitt eingeführten kinetischen Ansatzes.

Im dritten Abschnitt werden sog. Standardfälle der Stoffübertragung im Hinblick auf die technische Anwendung – wie die Verdunstung, Verdampfung, Kondensation und Absorption von Gemischen – mit Hilfe eines erweiterten kinetischen Ansatzes für die Stoffübertragung beschrieben. Den Abschluß bildet die Analyse der gekoppelten Diffusion und Reaktion am Beispiel der chemischen Gaswäsche.

Das Buch ist eine vorlesungsbegleitende Einführung in das Gebiet der Stoffübertragung. Es soll jedoch auch dem Studierenden, der dieses Fach nicht weiter vertieft, so viel Grundwissen vermitteln, daß er einfache Aufgaben aus diesem Gebiet mit angemessenem Aufwand selbst lösen kann. Dabei sollen ihm die angefügten Übungsbeispiele eine Hilfe sein. Der dargebotene Stoff ist so ausgewählt, daß auch Vorlesungen über thermische Trennverfahren und über Reaktionstechnik darauf aufbauen können.

Karlsruhe, im Januar 1984 *E.-U. Schlünder*

Vorwort

Inhaltsverzeichnis

1. Stoffaustauschapparate für Gas-Flüssigkeitssysteme 1

1.1 Einführung und kinetischer Ansatz für die Stoffübertragung 1

1.2 Die Sprudelschicht 8
1.2.1 Isotherme Verdunstung 8
1.2.2 Adiabate Verdunstung 11
1.2.3 Verdunstung bei konstanter Flüssigkeitstemperatur 15

1.3 Der Rieselfilm 20

1.4 Die Füllkörpersäule 21

2. Physikalische Grundlagen der Stoffübertragung 25

2.1 Binäre Diffusion in sehr verdünnten Gasen – Knudsen'sche Diffusion . . . 25

2.2 Binäre Diffusion in mäßig verdünnten Gasen – Stefan'sche oder gewöhnliche Diffusion 28

2.3 Einfluß halbdurchlässiger Begrenzungswände auf die gewöhnliche binäre Diffusion 34
2.3.1 Isotherme Verdunstung 34
2.3.2 Adiabatische Verdunstung 37
2.3.3 Verdunstung mit Wärmezufuhr 39

2.4 Polynäre Diffusion in mäßig verdünnten Gasen 44
Stoffübergangskoeffizienten bei polynärer Diffusion 50

2.5 Diffusion in Flüssigkeiten 52

2.6 Stoffübertragung unter dem Einfluß von Turbulenz 53
2.6.1 Das Filmmodell 54
2.6.2 Modell der turbulenten Diffusion 54

3. Standardfälle der Stoffübertragung 56

3.1 Verdunstung von Gemischen 56

3.2 Diffusionsdestillation 68

3.3 Kondensation reiner Stoffe in Anwesenheit von Inertgas 73

3.4 Verdampfung und Kondensation von Gemischen 78
3.4.1 Verdampfung aus einem Behälter 78
3.4.2 Verdampfung am Rieselfilm 81
3.4.3 Kondensation am Rieselfilm 85

3.5 Physikalische Absorption von Gasen in Flüssigkeiten 88
3.5.1 Absorption bei großem Lösungsmittelüberschuß 91
Absorption reiner Gase 91
Absorption von Gasgemischen 92
3.5.2 Absorption in endlichen Lösungsmittelmengen 97

3.6 Stoffübertragung mit homogener chemischer Reaktion 103
3.6.1 Mechanismus der chemischen Reaktion in der flüssigen Phase 103
3.6.2 Anwendung des Filmmodells 104

Verwendete Formelzeichen 112
Griechische Buchstaben 112
Indices 113
Kennzahlen 113
Konstanten 114

Anhang 115

Berechnung von Diffusionskoeffizienten 115
Abschätzung von Stoffübergangskoeffizienten 116

Literatur 117

Sachverzeichnis 118

1. Stoffaustauschapparate für Gas-Flüssigkeitssysteme

1.1 Einführung und kinetischer Ansatz für die Stoffübertragung

Zur Stoffübertragung zwischen gasförmigen und flüssigen Phasen, wie z. B. bei der Destillation, der Absorption oder bei chemischen Reaktionen in der flüssigen Phase, werden hauptsächlich Sprudelschichten, Blasenschichten, Rieselfilme oder Füllkörperschichten verwendet. Zur Stoffübertragung zwischen gasförmigen und festen Phasen, wie z. B. bei der Adsorption, der Trocknung oder bei katalytisch beschleunigten Gasphasenreaktionen, werden ebenfalls Füllkörperschichten, daneben aber auch Wirbelschichten eingesetzt.

In den meisten Fällen ist man bestrebt, die **Grenzfläche** zwischen den Phasen möglichst groß zu machen, um mit geringen Verweilzeiten und dadurch auch mit geringen Apparatevolumina auszukommen. Große Phasengrenzflächen erhält man durch eine feine **Verteilung** der Phasen ineinander oder durch Anwendung feinkörniger Füllkörper. Indessen sind einer zu feinen Verteilung der Phasen dadurch Grenzen gesetzt, daß die Phasen im Anschluß an den Stoffaustausch wieder getrennt werden müssen. Bei **Füllkörperschichten** steigt mit abnehmender Füllkörpergröße der **Druckverlust** stark an. Da bei flüssigen Phasen das treibende Druckgefälle durch die Erdschwere erzeugt wird und somit begrenzt ist, nimmt der Flüssigkeitsdurchsatz mit kleiner werdender Füllkörpergröße ab. Auch kann die **Oberflächenspannung** der Flüssigkeiten die Rieselkanäle zwischen den Füllkörpern völlig verschließen, wenn diese zu klein sind. In **Sprudelschichten** bewirkt eine zu feine Zerteilung der Flüssigkeit ein Mitreißen feiner Tröpfchen im Gasstrom, wodurch nicht nur der Stoffaustausch verschlechtert, sondern auch die erforderliche Trennung von gasförmiger und flüssiger Phase sehr erschwert wird.

Ein weiteres Problem, das bei Stoffaustauschapparaten eine große Rolle spielt, besteht darin, die beiden miteinander in Kontakt zu bringenden Phasen möglichst gleichmäßig zu verteilen. **Lokale Ungleichförmigkeiten** der Durchsätze können die Stoffübertragung erheblich beeinträchtigen.

Schließlich haben insbesondere bei Stoffaustauschapparaten mit zwei fluiden Phasen **axiale Rückströmungen**, die häufig kaum kontrollierbar sind, eine Verschlechterung des Stoffaustausches zur Folge.

Aus dieser Aufzählung wird ersichtlich, daß einer Analyse des Stoffaustauschvorganges in technischen Apparaten immer gewisse idealisierende Annahmen zugrunde liegen, die im einzelnen bei der Behandlung der einzelnen Apparatetypen zu besprechen sein werden.

In vielen Fällen ist ein Stoffübertragungsvorgang mit einer mehr oder weniger starken Wärmetönung verbunden, z. B. bei der Verdampfung oder Kondensation, bei der Trocknung, der Absorption oder bei chemischen Reaktionen. In solchen Fällen ist das Resultat eines Stoffübertragungsvorganges nicht unabhängig davon, wie intensiv die simultan ablaufende Wärmeübertragung ist. **Grenzfälle** stellen die **isotherme** und die **adiabatische**

Stoffübertragung dar. Praktische Fälle liegen dazwischen. Dabei kann es auch vorkommen, daß die Wärmeübertragung einen dominierenden Einfluß hat, wie z. B. bei der Verdampfung und Kondensation, bei der Trocknung oder der chemischen Wäsche.

Man erkennt aus diesen einleitenden Bemerkungen, daß es schwierig ist, die Gesetze der Stoffübertragung unabhängig von denen der Wärmeübertragung zu behandeln, sobald man sie im Zusammenhang mit technischen Anwendungen sieht. Des weiteren wird es auch nicht möglich sein, die Gesetze der **Stoffübertragung** ohne gleichzeitigen Rückgriff auf die Gesetze der **Phasengleichgewichte** zu behandeln, da von diesen die Triebkräfte für die Stoffübertragung abgeleitet werden. Im Rahmen dieses Buches müssen daher die Kenntnis der Gesetze der Wärmeübertragung und der Mischphasenthermodynamik vorausgesetzt werden.

Wird Stoff von einer Phase auf eine andere übertragen, so hat man es in der Regel mit drei Stoffübergangswiderständen zu tun, jeweils einem in jeder der beiden Phasen und einem für den Phasendurchtritt. In der Praxis wird zum Zwecke der Apparateauslegung meist mit einem alle drei Teilwiderstände enthaltenden **Gesamtwiderstand** gerechnet. Dies entspricht dem Konzept, das bei der Auslegung von Wärmeaustauschapparaten befolgt wird, wo man ebenfalls mit einem Gesamtwiderstand der Wärmeübertragung, der gleich der Summe der Teilwiderstände ist, rechnet. Indessen spielen beim Gesamtwiderstand der Stoffübertragung nicht nur die Teilwiderstände, sondern auch die Lage der Phasengleichgewichte eine Rolle. Es empfiehlt sich daher, in den ersten der nachfolgenden Kapitel auf Beispiele der Stoffübertragung zurückzugreifen, bei denen nur einer von den drei möglichen Teilwiderständen vorkommt. Die Verdunstung von Wasser in Luft z. B. ist solch ein Fall, aber auch die Verdunstung von Flüssigkeitsgemischen in ein inertes Trägergas fällt hierunter, sofern die Verdunstungsgeschwindigkeit nicht zu hoch ist. Es liegt daher nahe, die Wirkungsweise der häufig verwendeten Stoffaustauschapparate, nämlich die Sprudelschicht, den Rieselfilm und die Füllkörperschicht am Beispiel der Verdunstung von reinen Flüssigkeiten und Flüssigkeitsgemischen in ein inertes Trägergas zu studieren. Hierbei kommt man zunächst mit einem kinetischen Ansatz für die Stoffübertragung aus, der dem kinetischen Ansatz der Wärmeübertragung völlig analog ist. Dieser Ansatz lautet:

$$\dot{N}_j = A n_z \beta^{\theta}_{z,j} (\tilde{z}_{j,Ph} - \tilde{z}_j) \tag{1.1}$$

$\dot{N}_j$ in kmol/s ist der Stoffmengenstrom, der durch die Phasengrenzfläche A der z-Phase hindurchtretenden Spezies j, n_z in kmol/m^3 ist die mittlere molare Dichte der z-Phase, $\beta^{\theta}_{z,j}$ in m/s ist der Stoffübertragungskoeffizient für die Spezies j zwischen der Grenzfläche und dem Innern der z-Phase, $\tilde{z}_{j,Ph}$ ist der Molenbruch der Spezies j an der Grenzfläche der z-Phase, $\tilde{z}_j$ ist der integrale Mittelwert des Molenbruches der Spezies j in der z-Phase. Der Molenbruch ist definiert durch

$$\tilde{z}_j = \frac{N_j}{\sum\limits_{1}^{k} N_i}. \tag{1.2}$$

N_i in kmol sind die Molbestandteile der Mischung.

Den Massenstrom $\dot{M}_j$ erhält man mit Hilfe der Molmasse $\tilde{M}_j$ zu

$$\dot{M}_j = \tilde{M}_j \dot{N}_j. \tag{1.3}$$

Zur Beschreibung des Stoffüberganges in eine ideale Gasphase läßt sich mit $n_z = n_g = p/\tilde{R}T$ und $\tilde{M}_j \tilde{R} = R_j$ sowie $\tilde{z}_j = p_j/p$ Gl. (1.1) auch in der Form

$$\dot{M}_j = A \frac{1}{R_j T} \beta^{\theta}_{g,j} (p_{j,Ph} - p_j) \tag{1.4}$$

anschreiben. $\tilde{R}$ ist die universelle, R_j die individuelle Gaskonstante der übergehenden Komponente j. p ist der Gesamtdruck und $p_{j,Ph}$ bzw. p_j sind die Partialdrücke der Komponente j.

Bei der Stoffübertragung in ein inertes Schleppmittel, wie z. B. bei der Trocknung, der Absorption oder der Extraktion, verwendet man zweckmäßig anstelle des Molenbruches $\tilde{z}_j$ die Molbeladung $\tilde{Z}_j$, bei welcher die Menge N_j nicht auf die Gesamtmenge $\sum_1^k N_i$, sondern auf die Menge des inerten Schleppmittels N_k (letzte Komponente) bezogen wird:

$$\tilde{Z}_j = \frac{N_j}{N_k}. \tag{1.5}$$

Definiert man nun einen Stoffübergangskoeffizienten $\beta^0_{z,j}$ durch den Ansatz

$$\dot{N}_j = A\, n_z \beta^0_{z,j}(\tilde{Z}_{j,Ph} - \tilde{Z}_j), \tag{1.6}$$

so besteht zwischen diesem und demjenigen, der durch Gl. (1.1) definiert ist, der Zusammenhang

$$\frac{\beta^\theta_{z,j}}{\beta^0_{z,j}} = \frac{\tilde{Z}_{j,Ph} - \tilde{Z}_j}{\tilde{z}_{j,Ph} - \tilde{z}_j}. \tag{1.7}$$

Dieses Verhältnis der beiden so definierten Stoffübergangskoeffizienten ist stets > 1, d. h. $\beta^0_{z,j} < \beta^\theta_{z,j}$.

Anstelle der Molbeladung wird auch die Massenbeladung

$$Z_j = \frac{M_j}{M_k} = \frac{\tilde{M}_j}{\tilde{M}_k}\tilde{Z}_j \tag{1.8}$$

verwendet. Hiermit folgt aus den Gln. (1.6) und (1.3)

$$\dot{M}_j = A\, n_z \tilde{M}_k \beta^0_{z,j}(Z_{j,Ph} - Z_j). \tag{1.9}$$

Hierin sind für den Fall eines Stoffüberganges in eine ideale Gasphase $n_z \tilde{M}_k = p/R_k T$, worin R_k die individuelle Gaskonstante der Bezugskomponente k ist.

Bei der Stoffübertragung in flüssige Phasen werden die Molenbrüche $\tilde{z}_j$ meist mit der molaren Dichte $n_z = n_l$ zur molaren Konzentration

$$\tilde{C}_j = n_l \tilde{z}_j \text{ kmol/m}^3 \tag{1.10}$$

zusammengefaßt. Gl. (1.1) lautet dann

$$\dot{N}_j = A\, \beta^\theta_{l,j}(\tilde{C}_{j,Ph} - \tilde{C}_j). \tag{1.11}$$

Der kinetische Ansatz für die Wärmeübertragung lautet

$$\dot{Q} = A\, \alpha^0_z(\vartheta_{z,Ph} - \vartheta_z). \tag{1.12}$$

Hierin ist $\dot{Q}$ der Wärmestrom in W, der die Grenzfläche der z-Phase durchsetzt, α^0_z ist der Wärmeübertragungskoeffizient in W/m^2 K zwischen der Grenzfläche und dem Innern der z-Phase, $\vartheta_{z,Ph}$ ist die Grenzflächentemperatur und ϑ_z die integrale kalorische Mitteltemperatur der z-Phase. Würde man einen mit Hilfe der volumetrischen Wärmekapazität der z-Phase $\varrho_z \cdot c_{pz}$ modifizierten Wärmeübertragungskoeffizienten

$$\alpha^{0\prime}_z = \frac{\alpha^0_z}{\varrho_z c_{pz}} \tag{1.13}$$

einführen, so ließe sich der kinetische Ansatz für die Wärmeübertragung auch schreiben

$$\dot{Q} = A\,\varrho_z c_{pz} \alpha_z^{0'} (\vartheta_{z,Ph} - \vartheta_z). \tag{1.14}$$

Man stellt fest, daß $\alpha_z^{0'}$ die gleiche Dimension wie β_z^{θ} hat, nämlich m/s. In der Tat sind in vielen praktischen Fällen auch die Zahlenwerte von $\alpha_z^{0'}$ und β_z^{θ} nahezu gleich.

Die kinetischen Ansätze nach den Gln. (1.1), (1.6), (1.11) bzw. (1.14) besagen, daß die Mengen- bzw. Energieströme verschwinden müssen, wenn die Konzentrations- bzw. Temperaturunterschiede verschwinden. Dies steht im Einklang mit der Erfahrung. Diese Ansätze beinhalten jedoch nicht, daß die phänomenologischen Koeffizienten β_z^{θ} bzw. α_z^0 konstante Größen sein müssen. Im Gegenteil, so wie der Wärmeübergangskoeffizient α_z^0 durchaus von der Temperatur abhängen kann, kann auch der Stoffübergangskoeffizient β_z^{θ} von der Zusammensetzung z abhängen. Dies wird im einzelnen noch zu untersuchen sein. Dessen ungeachtet wird bei der Auslegung von Stoffaustauschapparaten – genau so wie bei der Auslegung von Wärmeaustauschapparaten und auch genau aus den gleichen Gründen – in der Regel mit konstanten Koeffizienten β_z^{θ} gerechnet, die dann geeignete, mehr oder weniger genau zutreffende Mittelwerte darstellen. Wir wollen daher unsere Analyse der wichtigsten Stoffaustauschapparate, also die Sprudelschicht, den Rieselfilm und die Füllkörperschicht, in Analogie zur Analyse von Wärmeaustauschapparaten auf die kinetischen Ansätze für die Stoffübertragung nach den Gln. (1.1), (1.6) und (1.9) gründen.

Beispiel 1.1

Wasserdampf (Stoff 1) verdunstet von einer Wasseroberfläche in eine angrenzende Luftschicht (Stoff 2). Der Wasserdampfpartialdruck in der Luft an der Wasseroberfläche betrage $p_{1,Ph} = 0{,}10$ bar; in hinreichender Entfernung davon $p_1 = 0{,}05$ bar. Der Gesamtdruck sei $p = 1$ bar, die mittlere Lufttemperatur betrage 80 °C und der Stoffübergangskoeffizient $\beta_{g,1}^{\theta}$ habe den Wert 0,02 m/s. Wie groß ist die Stoffstromdichte $\dot{N}_1/A$ bzw. $\dot{M}_1/A$?

Berechnung nach Gl. (1.1)

$$n_g = \frac{p}{\tilde{R}T} = \frac{10^5}{8314{,}3 \cdot (80 + 273{,}15)} = 0{,}03406 \text{ kmol/m}^3$$

$$\tilde{z}_{1,Ph} = p_{1,Ph}/p = 0{,}10 \quad \text{und} \quad \tilde{z}_1 = p_1/p = 0{,}05$$

$$\dot{N}_1/A = 0{,}03406 \cdot 0{,}02(0{,}10 - 0{,}05) = 34{,}06 \cdot 10^{-6} \text{ kmol/m}^2\text{ s}$$

$$\tilde{M}_1 = 18{,}02 \text{ kg/kmol}$$

$$\dot{M}_1/A = \tilde{M}_1 \dot{N}/A = 613{,}72 \cdot 10^{-6} \text{ kg/m}^2\text{ s}$$

Berechnung nach Gl. (1.6)

$$\tilde{Z}_{1,Ph} = \frac{0{,}10}{1 - 0{,}10} = 0{,}1111 \quad \text{und} \quad \tilde{Z}_1 = \frac{0{,}05}{1 - 0{,}05} = 0{,}0526$$

$$\beta_{g,1}^{0} = \beta_{g,1}^{\theta}(0{,}10 - 0{,}05)/(0{,}111 - 0{,}0526) = 0{,}0171 \text{ m/s}$$

$$\dot{N}_1/A = 0{,}03406 \cdot 0{,}0171(0{,}111 - 0{,}0526) = 34{,}06 \cdot 10^{-6} \text{ kmol/m}^2\text{ s}$$

Beispiel 1.2

Ein Wassertropfen von 1 mm Anfangsradius verdunstet in heißer trockener Luft. An der Tropfenoberfläche herrsche der Wasserdampfpartialdruck $p_{1,Ph} = 0{,}10 \cdot p$, d. h.

$\tilde{z}_{1,\mathrm{Ph}} = 0{,}10$. Der Stoffübergangskoeffizient $\beta^{\Theta}_{g,1}$ ist für stagnierende Luft zu berechnen ($Sh_1 = \beta_{g,1}(2R)/\delta_{g,12} = 2$). Nach welcher Zeit ist der Tropfen verdunstet?

Lösung:

$$\dot{N}_1 + \frac{dN}{dt} = 0$$

$$\dot{N}_1 = A n_g \beta^{\Theta}_{g,1}(\tilde{z}_{1,\mathrm{Ph}} - 0)$$

$$\beta_{g,1} = \frac{\delta_{g,12}}{R} \cong \beta^{\Theta}_{g,1}, \text{ da } \tilde{z}_{1,\mathrm{Ph}} \ll 1.$$

$$\frac{dN}{dt} = n_l A \frac{dR}{dt}$$

$$t_v = \frac{R_0^2}{2\frac{n_g}{n_l}\delta_{g,12}(\tilde{z}_{1,\mathrm{Ph}} - 0)}.$$

Mit $n_g = 0{,}034\ \mathrm{kmol/m^3}$ (bei $\sim 80\ ^\circ\mathrm{C}$), $n_l = 55{,}5\ \mathrm{kmol/m^3}$ (H_2O flüssig) und $\delta_{g,12} = 2 \cdot 10^{-5}\ \mathrm{m^2/s}$ sowie $\tilde{z}_{1,\mathrm{Ph}} = 0{,}10$ und $R_0 = 10^{-3}\ \mathrm{m}$ folgt

$$t_v = 408{,}08\ \mathrm{s}.$$

Beispiel 1.3

Ein Kochsalzkorn von 1 mm Anfangsradius wird in salzfreiem, ruhendem Wasser aufgelöst. Die Löslichkeit von Kochsalz beträgt 26,5 % (Massengehalt) bei einer Dichte der gesättigten Lösung $\varrho_l = 1190\ \mathrm{kg/m^3}$. Die Dichte des Kochsalzes beträgt $\varrho_s = 2163\ \mathrm{kg/m^3}$. Der Diffusionskoeffizient von Kochsalz in Wasser hat den Wert $\delta_{l,12} = 1{,}2 \cdot 10^{-9}\ \mathrm{m^2/s}$. Nach welcher Zeit hat sich das Salzkorn aufgelöst, wenn $Sh_1 = Sh_{1,\min} = 2$ ist?

$$\dot{N}_1 = A\beta^{\Theta}_{l,1}(\tilde{C}_{1,\mathrm{Ph}} - 0)$$

$$\dot{M}_1 = A\beta^{\Theta}_{l,1}(C_{1,\mathrm{Ph}} - 0)$$

$$C_{1,\mathrm{Ph}} = 0{,}265 \cdot 1190 = 315{,}3\ \mathrm{kg/m^3}$$

$$t_v = \frac{R_0^2}{2\,\dfrac{\delta_{l,12}(C_{1,\mathrm{Ph}} - 0)}{\varrho_s}} = 2858\ \mathrm{s}.$$

Beispiel 1.4

Auf welchen Wert verkürzt sich die in Beispiel 1.3 berechnete Auflösezeit des Kochsalzkornes, wenn das Wasser umgerührt wird und dabei zwischen Wasser und Korn eine Relativgeschwindigkeit von $u = 0{,}20\ \mathrm{m/s}$ zustande kommt? Die kinematische Zähigkeit des Wassers beträgt $\nu_l = 10^{-6}\ \mathrm{m^2/s}$.

Reynolds-Zahl zu Beginn:

$$Re_0 = u(2R_0)/\nu_l = 0{,}20 \cdot (2 \cdot 10^{-3})/10^{-6} = 400$$

Schmidt-Zahl:

$$Sc = \nu_l/\delta_{l,12} = 10^{-6}/1{,}2 \cdot 10^{-9} = 833$$

Sherwood-Zahl zu Beginn:

$$Sh = 2 + 0{,}664\sqrt{Re_0}\,\sqrt[3]{Sc}$$

$$Sh_0 = 2 + 0{,}664\sqrt{400}\,\sqrt[3]{833} = 126{,}95$$

$$\beta_{l,1,0} = 0{,}76 \cdot 10^{-4}\ \text{m/s} \cong \beta^{\theta}_{l,1,0}.$$

Falls dieser Wert für die Dauer des gesamten Auflösevorganges gelten würde, erhielte man

$$\dot{M}_1 = A\,\beta^{\theta}_{l,1,0}\,C_{1,\text{Ph}} = -\,\varrho_s A \frac{\mathrm{d}R}{\mathrm{d}t}$$

und hieraus

$$t_v = \frac{\varrho_s R_0}{\beta^{\theta}_{l,1,0}\,C_{1,\text{Ph}}} = \frac{2163 \cdot 10^{-3}}{0{,}76 \cdot 10^{-4} \cdot 31{,}3} = 90{,}27\ \text{s}.$$

Eine genauere Berechnung von t_v müßte die Veränderlichkeit von u und von $\beta^{\theta}_{l,1}$ mit R berücksichtigen, s. Beispiel 1.5.

Beispiel 1.5

Ein Ätznatron-Kügelchen von 0,10 mm Durchmesser wird in ein Wasserbad von 20 °C von 0,1 m Tiefe geworfen. Hat es sich aufgelöst, bevor es den Boden des Wasserbades erreicht?

Die Löslichkeit von NaOH beträgt 52 % (Massengehalt), bei einer Dichte der gesättigten Lösung von 1530 kg/m³. Daraus folgt $C_{1,\text{Ph}} = 0{,}52 \cdot 1530 = 795{,}6\ \text{kg/m}^3$. Die Dichte des NaOH-Kügelchens beträgt $\varrho_s = 2130\ \text{kg/m}^3$.

a) **Berechnung der Sinkgeschwindigkeit *u* des Kügelchens**

Annahme: Stokessche Reibung, gültig bis $Re \cong 1$.
Reibungskraft = Gewichtskraft minus Auftriebskraft.

$$6\pi R \eta_l u = \frac{4}{3}\pi R^3 (\varrho_s - \varrho_l)\, g$$

$$u = \frac{2}{9}\frac{(\varrho_s - \varrho_l)}{\varrho_l}\frac{g}{\nu_l} R^2$$

$$Re = \frac{u(2R)}{\nu_l} = \frac{4}{9}\frac{(\varrho_s - \varrho_l)}{\varrho_l}\frac{g}{\nu_l^2} R^3.$$

Prüfung der Annahme Stokesscher Reibung:

$$\varrho_l = 1000\ \text{kg/m}^3,$$

$$\nu_l = 10^{-6}\ \text{m}^2/\text{s};$$

$$g = 9{,}81\ \text{m/s}^2$$

und

$$R_0 = 50 \cdot 10^{-6}\ \text{m}$$

$$Re_0 = {}_{\max}Re = 0{,}616.$$

b) **Berechnung der Stoffübergangskoeffizienten**

$\beta^{\theta}_{l,1} \cong \beta_{l,1}$ für den Fall schleichender Umströmung

$$\frac{\beta_{l,1}(2R)}{\delta_{l,12}} = 2 + 1{,}01\,\sqrt[3]{Sc\,Re},$$ [1]

oder

$$\hat{Sh}_1 = \frac{L}{R} + 0{,}385 \sqrt[3]{\frac{Sc(\varrho_s - \varrho_l)}{\varrho_l}}$$

worin

$$\hat{Sh}_1 = \frac{\beta_{l,1} L}{\delta_{l,1}} \quad \text{und} \quad L = \sqrt[3]{\frac{v^2}{g}} \quad \text{sind.}$$

c) **Berechnung der Auflösungszeit t_A**

Mengenbilanz: $\dot{M}_1 + \frac{dM}{dt} = 0$

$$\frac{dM}{dt} = \varrho_s A \frac{dR}{dt} \qquad (A = \text{Kugeloberfläche})$$

Kinetik: $\dot{M}_1 = A \beta_{l,1}^{\Theta}(C_{1,\mathrm{Ph}} - 0)$

Hieraus folgt $\beta_{l,1}^{\Theta} C_{1,\mathrm{Ph}} = -\varrho_s \frac{dR}{dt}$

oder

$$\hat{Sh}_1 = -\frac{\varrho_s}{C_{1,\mathrm{Ph}}} \frac{L^2}{\delta_{l,12}} \frac{d\left(\frac{R}{L}\right)}{dt}.$$

Mit der Zeitkonstanten des Auflösevorganges $t_R = \varrho_s L^2 / C_{1,\mathrm{Ph}} \delta_{l,12}$ der relativen Auflösezeit $\tau = t/t_R$ und der Abkürzung $0{,}385 \sqrt[3]{Sc(\varrho_s - \varrho_l)/\varrho_l} \equiv a$ sowie $\hat{Sh}_1$ nach b) folgt hieraus

$$\frac{-d\left(\frac{R}{L}\right)}{d\tau} = \frac{L}{R} + a.$$

Die Integration liefert

$$\tau_A = \frac{1}{a}\left[\frac{R_0}{L} - \frac{1}{a} \ln\left(1 + a\frac{R_0}{L}\right)\right].$$

Mit dem Diffusionskoeffizienten von NaOH in H_2O: $\delta_{l,12} = 1{,}2 \cdot 10^{-9}\ \mathrm{m^2/s}$ erhält man $Sc = 833$ und $a = 3{,}773$ sowie $L = 46{,}7 \cdot 10^{-6}$ m und $t_R = 4{,}87$ s. Mit $R_0/L = 1{,}0707$ folgt $\tau_A = 0{,}170$, d.h. $t_A = 0{,}829$ s. Mit $Sh_{1,\min} = 2$ hätte man $\tau_A = \frac{1}{2}(R_0/L)^2 = 0{,}5732$ und $t_A = 2{,}79$ s berechnet.

d) **Berechnung des Fallweges bis zur Auflösung**

Mit $dt = \frac{dx}{u}$

folgt

$$-\left(\frac{R}{L}\right)^3 \frac{d(R/L)}{d(x/L)} = \frac{C_{1,\mathrm{Ph}}}{3{,}89\,\varrho_s a^3}\left[1 + a\frac{R}{L}\right]$$

oder integriert

$$\frac{1}{3}\left(\frac{R_0}{L}\right)^3 - \frac{3}{2}\left(\frac{R_0}{L}\right)^2 + 3\,\frac{R_0}{L} - \frac{1}{a}\ln\left(1 + a\,\frac{R_0}{L}\right) = \frac{C_{1,\mathrm{Ph}}}{3{,}89\,\varrho_s}\,\frac{x_A}{L}.$$

Dies ergibt zahlenmäßig $x_A = 0{,}717 \cdot 10^{-3}$ m.

Mit $Sh_{1,\min} = 2$ hätte man erhalten:

$$\left(\frac{R_0}{L}\right)^4 = 1{,}03\,\frac{C_{1,\mathrm{Ph}}}{\varrho_s a^3}\,\frac{x_A}{L}.$$

Zahlenmäßig folgt in diesem Falle $x_A = 8{,}57 \cdot 10^{-3}$ m. Man erkennt, daß die Näherung $Sh_1 = Sh_{1,\min}$ in der Auflösezeit einen Fehler um den Faktor 3,4, im Fallweg einen solchen um den Faktor 12 ergibt.

Auf jeden Fall erreicht das Kügelchen den Boden des Wasserbades nicht.

1.2 Die Sprudelschicht

Eine Sprudelschicht kann man sich im Labor mit Hilfe einer Sättigungsflasche herstellen, s. Abb. 1.1. In der Praxis werden solche Schichten mit Hilfe von Sieb-, Glocken- oder Ventilböden hergestellt. Bei nicht zu großen Sprudelschichten kann man davon ausgehen, daß sowohl die flüssige wie auch die gasförmige Phase völlig durchmischt sind.

Leitet man als Schleppmittel trockene Luft durch Wasser gemäß Abb. 1.1 hindurch, so verdunstet das Wasser in die Luft hinein und wird dampfförmig aus der Sprudelschicht ausgetragen. Mit der Zeit nimmt daher die Wassermenge M_l in der Sprudelschicht ab, d.h. $M_l = M_l(t)$. Dieser Vorgang kann isotherm erfolgen, falls der Behälter beheizt wird, oder adiabat, falls der Behälter isoliert ist. Untersuchen wir zunächst den ersten Fall.

1.2.1 Isotherme Verdunstung

Bezeichnen wir mit Y_1 die Beladung der Luft mit Wasserdampf (kg H_2O/kg trockene Luft), so lautet die Mengenbilanz für das Wasser, wenn wir den Bilanzraum um den ganzen Apparat legen

$$\dot{M}_2\, Y_{1,\mathrm{ein}} = \dot{M}_2\, Y_{1,\mathrm{aus}} + \frac{\mathrm{d}M_l}{\mathrm{d}t}. \tag{1.15}$$

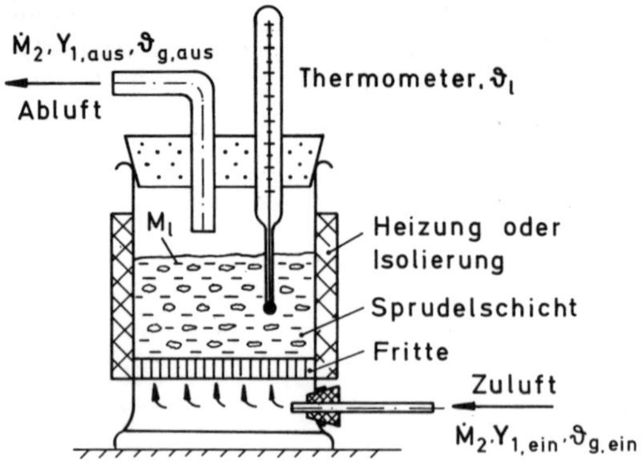

Abb. 1.1 Labor-Sprudelschicht

$\dot{M}_2$ ist darin der **trockene** Luftstrom in kg/s trockene Luft. Legen wir den Bilanzraum nur um die Wasserphase, so lautet die Mengenbilanz

$$0 = \dot{M}_1 + \frac{dM_l}{dt}, \tag{1.16}$$

worin $\dot{M}_1$ der von der Wasser- in die Luftphase übergehende Stoffstrom des Wassers ist.

Der kinetische Ansatz für die Stoffübertragung lautet entsprechend Gl. (1.9):

$$\dot{M}_1 = \varrho_{g,2} \beta^0_{g,1} A_{Ph} (Y_{1,Ph} - Y_1). \tag{1.17}$$

Hierin ist $\varrho_{g,2} = p/R_2 T$ die Dichte der Luft beim Gesamtdruck p, A_{Ph} die Phasengrenzfläche zwischen Wasser und Luft und Y_1 die Beladung der Luft mit Wasserdampf in kg H_2O/kg trockene Luft. Da die Luft in der Flasche völlig vermischt ist, ist

$$Y_1 = Y_{1,aus}. \tag{1.18}$$

Unbekannt ist noch die Wasserdampfbeladung der Luft an der Phasengrenzfläche $Y_{1,Ph}$. Wir wollen annehmen, daß an der Koexistenzebene beider Phasen thermodynamisches Gleichgewicht herrsche. Dies bedeutet, daß ein möglicher Phasendurchtrittswiderstand als vernachlässigbar klein angesehen wird. Dies ist zulässig, solange die Verdunstungsgeschwindigkeit nicht zu hoch ist, worauf im Abschn. 2.1, s. S. 25, noch näher eingegangen wird. Damit ist

$$Y_{1,Ph} = Y_1^* \{\vartheta_l\} \tag{1.19}$$

und

$$Y_1^* \{\vartheta_l\} = \left[\frac{p_1^* \{\vartheta_l\}}{(p - p_1^* \{\vartheta_l\})}\right] \frac{\tilde{M}_1}{\tilde{M}_2}, \tag{1.20}$$

worin $p_1^* \{\vartheta_l\}$ der zur Wassertemperatur gehörende Sattdampfdruck des Wassers ist.

Fassen wir nun im nächsten Schritt die Bilanz, den kinetischen Ansatz und die Gleichgewichtsbedingung zusammen, so erhalten wir aus den Gln. (1.16) bis (1.18)

$$-\frac{dM_l}{dt} = \varrho_{g,2} \beta^0_{g,1} A_{Ph} [Y_1^* \{\vartheta_l\} - Y_{1,aus}] \tag{1.21}$$

und aus Gl. (1.15)

$$-\frac{dM_l}{dt} = \dot{M}_2 (Y_{1,aus} - Y_{1,ein}). \tag{1.22}$$

Die Addition dieser beiden Gleichungen liefert

$$-\frac{dM_l}{dt}\left[\frac{1}{\varrho_{g,2} \beta^0_{g,1} A_{Ph}} + \frac{1}{\dot{M}_2}\right] = Y_1^* \{\vartheta_l\} - Y_{1,ein}. \tag{1.23}$$

Man erkennt, daß der Wasserinhalt linear mit der Zeit abnimmt. Zweckmäßig formt man Gl. (1.23) durch Normierung und Kennzahlbildung in eine dimensionslose Schreibweise um. Wir definieren mit

$$\frac{\varrho_{g,2} \beta^0_{g,1} A_{Ph}}{\dot{M}_2} = NTU_{g,1} \tag{1.24}$$

die sog. Anzahl der gasseitigen Übertragungseinheiten. Sie stellt eine dimensionslose Verweilzeit der Luft in der Flasche dar, was man erkennt, wenn man die mittlere

Verweilzeit der Luft

$$t_{vg} = \frac{M_2}{\dot{M}_2} \tag{1.25}$$

in Gl. (1.24) einsetzt

$$\frac{\varrho_{g,2}\, \beta^0_{g,1}\, A_{Ph}}{M_2}\, t_{vg} = \mathrm{NTU}_{g,1}. \tag{1.26}$$

M_2 ist hierin die in der Flasche enthaltene Luftmenge. Der Ausdruck

$$\frac{M_2}{\varrho_{g,2}\, \beta^0_{g,1}\, A_{Ph}} = t_{Rg} \tag{1.27}$$

stellt die **Relaxationszeit** der Luftmenge in der Flasche dar, mit der sie auf eine Störung ihrer Zusammensetzung reagiert. Demnach ist also die Anzahl der Übertragungseinheiten

$$\mathrm{NTU}_{g,1} = \frac{\varrho_{g,2}\, \beta^0_{g,1}\, A_{Ph}}{\dot{M}_2} = \frac{t_{vg}}{t_{Rg}}. \tag{1.28}$$

Damit läßt sich Gl. (1.23) schreiben

$$-\frac{\mathrm{d}M_l}{\mathrm{d}t}\left(\frac{1}{\mathrm{NTU}_{g,1}} + 1\right) = \dot{M}_2 [Y_1^*(\vartheta_l) - Y_{1,\mathrm{ein}}]. \tag{1.29}$$

Bezieht man die Wassermenge M_l auf ihren Anfangswert $M_{l,0}$ und faßt man die restlichen Parameter mit der Zeit t zu einer dimensionslosen Zeit τ zusammen, so erhält man

$$\tau = \frac{\dot{M}_2 [Y_1^*(\vartheta_l) - Y_{1,\mathrm{ein}}]}{M_{l,0}}\, t. \tag{1.30}$$

Der Ausdruck

$$\frac{M_{l,0}}{\dot{M}_2 [Y_1^*(\vartheta_l) - Y_{1,\mathrm{ein}}]} = {}_{\min}t_{vl} \tag{1.31}$$

ist die bei gegebenem Luftstrom $\dot{M}_2$ minimale Verweilzeit (bzw. Verdunstungszeit) des Wassers, die dann erreicht wird, wenn die Abluft vollständig mit Wasserdampf gesättigt ist, d.h. $Y_{1,\mathrm{aus}} = Y_1^*(\vartheta_l)$. Damit lautet Gl. (1.23) nun

$$-\frac{\mathrm{d}\left(\frac{M_l}{M_{l,0}}\right)}{\mathrm{d}\tau} = \frac{\mathrm{NTU}_{g,1}}{1 + \mathrm{NTU}_{g,1}} \tag{1.32}$$

und integriert

$$\frac{M_l}{M_{l,0}} = 1 - \frac{\mathrm{NTU}_{g,1}}{1 + \mathrm{NTU}_{g,1}}\, \tau. \tag{1.33}$$

Aus den Gln. (1.21) und (1.22) folgt noch

$$\frac{\mathrm{NTU}_{g,1}}{1 + \mathrm{NTU}_{g,1}} = \frac{Y_{1,\mathrm{aus}} - Y_{1,\mathrm{ein}}}{Y_1^*(\vartheta_l) - Y_{1,\mathrm{ein}}} = E_{g,1}. \tag{1.34}$$

Das heißt, der Ausdruck $\mathrm{NTU}_{g,1}/(1 + \mathrm{NTU}_{g,1})$ ist gleich der erzielten Konzentrationsänderung im Luftstrom im Verhältnis zur maximal möglichen Konzentrationsänderung, die dann erreicht wird, wenn die Abluft die Flasche gesättigt verläßt. Man nennt dieses

Verhältnis auch den gasseitigen Wirkungsgrad $E_{g,1}$ (efficiency) der Sprudelschicht. Damit läßt sich Gl. (1.33) schließlich auch schreiben

$$\frac{M_l}{M_{l,0}} = 1 - E_{g,1}\tau. \tag{1.35}$$

Falls $E_{g,1} \to 1$ geht, d. h. $\mathrm{NTU}_{g,1} \to \infty$, wird die Verdunstungsgeschwindigkeit nur vom Dampfdruck des Wassers und vom Luftdurchsatz bestimmt. Man sagt, der Verdunstungsprozeß ist **thermodynamisch kontrolliert**.

Falls $E_{g,1} \to 0$, d. h. auch $\mathrm{NTU}_{g,1} \to 0$ geht, wird die Verdunstungsgeschwindigkeit vom Gleichgewichtsabstand der Konzentration des Wasserdampfes in der Gasphase $[Y_1^*(\vartheta_l) - Y_{1,\mathrm{ein}}]$, von der Größe der Phasengrenzfläche A_{Ph} und von der Größe des gasseitigen Stoffübergangskoeffizienten $\beta^0_{g,1}$ bestimmt

$$\{\mathrm{NTU}_{g,1}\tau \to \varrho_{g,2}\beta^0_{g,1}A_{\mathrm{Ph}}[Y_1^*(\vartheta_l) - Y_{1,\mathrm{ein}}]\, t/M_{l,0}\}.$$

Man sagt, der Verdunstungsprozeß ist **kinetisch kontrolliert**.

Im thermodynamisch kontrollierten Bereich kleiner Gasdurchsätze ist die Verdunstungsgeschwindigkeit dem Gasdurchsatz direkt proportional, im kinetisch kontrollierten Bereich (große Gasdurchsätze) erwartet man, daß die Verdunstungsgeschwindigkeit sich schwächer mit dem Gasdurchsatz ändert.

1.2.2 Adiabate Verdunstung

Ersetzen wir die Mantelheizung der Flasche durch eine Isolierschicht, so muß die zur Verdunstung des Wassers erforderliche Wärme aus dem Luftstrom geliefert werden. Die Luft muß sich beim Durchtritt durch die Flasche abkühlen. Im Gegensatz zur isothermen Verdunstung müssen demnach nunmehr auch die Energiebilanzen und der kinetische Ansatz für die Wärmeübertragung von der Luft an das Wasser für die Analyse dieses Falles herangezogen werden. Die Mengenbilanzen für das Wasser sind die gleichen, wie bei der isothermen Verdunstung.

$$\dot{M}_2 Y_{1,\mathrm{ein}} = \dot{M}_2 Y_{1,\mathrm{aus}} + \frac{\mathrm{d}M_l}{\mathrm{d}t} \tag{1.36}$$

$$0 = \dot{M}_1 + \frac{\mathrm{d}M_l}{\mathrm{d}t}. \tag{1.37}$$

Analog sind die Energiebilanzen anzusetzen.

$$\dot{M}_2 h_{g,\mathrm{ein}} = \dot{M}_2 h_{g,\mathrm{aus}} + \frac{\mathrm{d}H_l}{\mathrm{d}t} \tag{1.38}$$

$$\dot{Q} = \dot{M}_1 h_{1,\mathrm{Ph}} + \frac{\mathrm{d}H_l}{\mathrm{d}t}. \tag{1.39}$$

Hierin sind

$$h_g = c_{p2}\vartheta_g + Y_1(\Delta h^0_{\mathrm{Ph}} + c_{p1,g}\vartheta_g), \tag{1.40}$$

die auf 1 kg trockene Luft bezogene Enthalpie der feuchten Luft (s. Mollier-Diagramm) und

$$H_l = M_l c_{p1,l}\vartheta_l \tag{1.41}$$

die Enthalpie des Wassers. Δh^0_{Ph} ist die Verdampfungsenthalpie des Wassers bei 0 °C.

Ferner ist

$$h_{1,\mathrm{Ph}} = \Delta h_{\mathrm{Ph}} + c_{\mathrm{p1,g}} \vartheta_l \tag{1.42}$$

die spezifische Enthalpie des an der Phasengrenze übergehenden Wasserdampfes. Δh_{Ph} ist die Verdampfungsenthalpie des Wassers bei ϑ_l. c_{p2} ist die Wärmekapazität der trockenen Luft, $c_{\mathrm{p1,g}}$ die des dampfförmigen und $c_{\mathrm{p1},l}$ die des flüssigen Wassers.

Die kinetischen Ansätze lauten für den Stoffübergang in die Gasphase hinein

$$\dot{M}_1 = \varrho_{\mathrm{g,2}} \beta^0_{\mathrm{g,1}} A_{\mathrm{Ph}} (Y_1^*(\vartheta_l) - Y_{1,\mathrm{aus}}) \tag{1.43}$$

und für den Wärmeübergang aus der Gasphase heraus

$$\dot{Q} = \alpha^0_{\mathrm{g}} A_{\mathrm{Ph}} (\vartheta_{\mathrm{g,aus}} - \vartheta_l). \tag{1.44}$$

Schließlich wollen wir – wie schon zuvor bei der Behandlung der isothermen Verdunstung – annehmen, daß an der Phasengrenzfläche thermodynamisches Gleichgewicht herrsche. Daraus folgt

$$Y_{1,\mathrm{Ph}} = Y_1^*(\vartheta_l) = \left[\frac{p_1^*(\vartheta_l)}{(p - p_1^*(\vartheta_l))}\right] \frac{\tilde{M}_1}{\tilde{M}_2}, \tag{1.45}$$

$$h_{\mathrm{g,Ph}} = h_{\mathrm{g}}^*(\vartheta_l) = c_{\mathrm{p2}} \vartheta_l + Y_1^*(\vartheta_l) [\Delta h^0_{\mathrm{Ph}} + c_{\mathrm{p1,g}} \vartheta_l]. \tag{1.46}$$

Damit wären die physikalischen Grundgesetze zur Beschreibung der adiabatischen Verdunstung zusammengestellt, s. Abb. 1.2.

Im nächsten Schritt müssen diese Grundgesetze entsprechend der Fragestellung aufbereitet werden. Wenden wir uns zunächst den Bilanzen zu. Aus Gl. (1.36) und Gl. (1.38) folgt

$$\frac{\mathrm{d}H_l}{\mathrm{d}M_l} = \frac{h_{\mathrm{g,ein}} - h_{\mathrm{g,aus}}}{Y_{1,\mathrm{ein}} - Y_{1,\mathrm{aus}}}. \tag{1.47}$$

Nach Gl. (1.41) ist

$$\frac{\mathrm{d}H_l}{\mathrm{d}M_l} = c_{\mathrm{p1},l} \vartheta_l + c_{\mathrm{p1},l} M_l \frac{\mathrm{d}\vartheta_l}{\mathrm{d}M_l}. \tag{1.48}$$

Damit ergibt sich

$$c_{\mathrm{p1},l} \vartheta_l + c_{\mathrm{p1},l} M_l \frac{\mathrm{d}\vartheta_l}{\mathrm{d}M_l} = \frac{h_{\mathrm{g,ein}} - h_{\mathrm{g,aus}}}{Y_{1,\mathrm{ein}} - Y_{1,\mathrm{aus}}}. \tag{1.49}$$

Diese Gleichung verknüpft die Zustandsgrößen des Wassers mit denen der Luft. Sie gilt unbedingt, denn sie beruht lediglich auf den Erhaltungssätzen.

Es gibt nun zwei Möglichkeiten, unter denen in Gl. (1.49) die Änderung der Wassertemperatur $\mathrm{d}\vartheta_l/\mathrm{d}M_l$ verschwindet; nämlich wenn bezüglich der Luft entweder ein

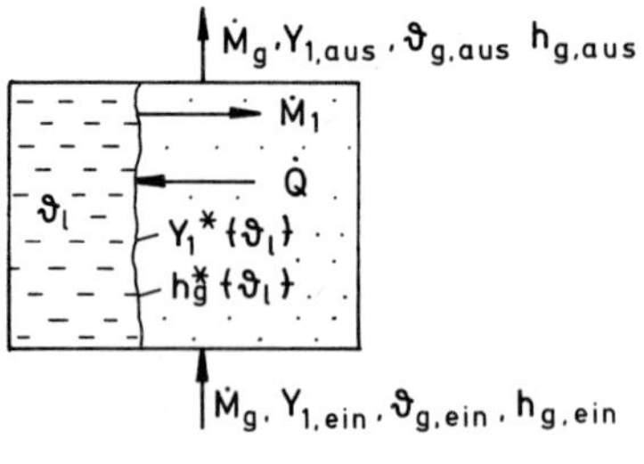

Abb. 1.2 Mengen- und Energieströme sowie Zustandsgrößen bei der adiabaten Verdunstung

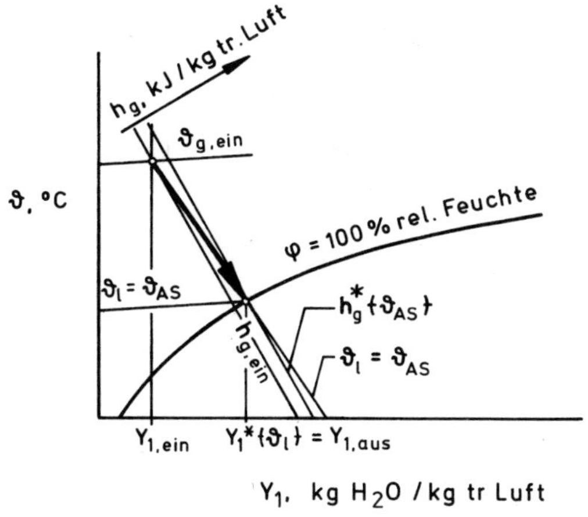

Abb. 1.3 Darstellung der „adiabatischen Sättigungstemperatur" („Kühlgrenztemperatur") im Mollier-Diagramm

Gleichgewichtszustand oder wenn ein **Beharrungszustand** vorliegt. In beiden Fällen gilt

$$c_{p1,l}\vartheta_l = \frac{h_{g,ein} - h_{g,aus}}{Y_{1,ein} - Y_{1,aus}}. \tag{1.50}$$

Der erste Fall ist dann gegeben, wenn die durch die Waschflasche nach Abb. 1.2 hindurchgeleitete Luftmenge $\dot{M}_2$ hinreichend klein ist, so daß die Abluft gesättigt ist. Dann gilt $h_{g,aus} = h_g^*(\vartheta_l)$ und $Y_{1,aus} = Y_1^*(\vartheta_l)$ und wir erhalten als Bestimmungsgleichung für die sog. „adiabatische Sättigungstemperatur", auch „Kühlgrenze" genannt, mit $\vartheta_l = \vartheta_{AS}$:

$$c_{p,l}\vartheta_{AS} = \frac{h_{g,ein} - h_g^*(\vartheta_{AS})}{Y_{1,ein} - Y_1^*(\vartheta_{AS})}. \tag{1.51}$$

Im Mollier-Diagramm für feuchte Luft ist dies die Gleichung einer ins ungesättigte Gebiet verlängerten Nebelisothermen, wie dies in Abb. 1.3 dargestellt ist.

Ist hingegen die Abluft ungesättigt, so müssen zur Bestimmung der Wassertemperatur ϑ_l die Bilanzgleichungen (1.37) und (1.39) sowie die kinetischen Ansätze (1.43) und (1.44) herangezogen werden. Es folgt für den thermischen Beharrungszustand

$$\dot{Q} = \dot{M}_1(h_{1,Ph} - c_{p1,l}\vartheta_l) \tag{1.52}$$

und daraus mit

$$h_{1,Ph} = \Delta h_{Ph} + c_{p1,l}\vartheta_l \tag{1.53}$$

$$\dot{Q} = \dot{M}_1 \Delta h_{Ph}. \tag{1.54}$$

Einsetzen der kinetischen Ansätze nach Gl. 1.43 und Gl. (1.44) ergibt

$$\alpha_g^0(\vartheta_{g,aus} - \vartheta_l) = \varrho_{g,2}\beta_{g,1}^0[Y_1^*(\vartheta_l) - Y_{1,aus}]\,\Delta h_{Ph}. \tag{1.55}$$

Die Verdampfungsenthalpie des Wassers Δh_{Ph} bei ϑ_l ist aus derjenigen bei 0 °C nach dem Kirchhoffschen Satz berechenbar:

$$\Delta h_{Ph} = \Delta h_{Ph}^0 - (c_{p1,l} - c_{p1,g})\,\vartheta_l. \tag{1.56}$$

Dies in Gl. (1.55) eingesetzt ergibt:

$$\frac{h_g^*(\vartheta_l) - h_{g,aus}}{Y_1^*(\vartheta_l) - Y_{1,aus}} = c_{p1,l}\vartheta_l + \left[\frac{\alpha_g^0}{\varrho_{g,2}\beta_{g,1}^0} - (c_{p2} + Y_{1,aus}c_{p1,g})\right]\frac{\vartheta_{g,aus} - \vartheta_l}{Y_1^*(\vartheta_l) - Y_{1,aus}}. \tag{1.57}$$

Falls

$$\frac{\alpha_g^0}{\varrho_{g,2}\beta_{g,1}^0} - (c_{p2} + Y_{1,\text{aus}} c_{p1,g}) = 0 \tag{1.58}$$

ist, reduziert sich Gl. (1.57) auf die Gleichung einer im Mollier-Diagramm ins ungesättigte Gebiet verlängerten Nebelisothermen:

$$\frac{h_g^*(\vartheta_l) - h_{g,\text{aus}}}{Y_1^*(\vartheta_l) - Y_{1,\text{aus}}} = c_{p1,l}\vartheta_l. \tag{1.59}$$

Hieraus folgt mit Gl. (1.51) zur Bestimmung der adiabatischen Sättigungstemperatur, daß sämtliche möglichen Luftaustrittszustände auf der durch den Lufteintrittszustand gegeben verlängerten Nebelisothermen liegen müssen, wie dies in Abb. 1.4 dargestellt ist.

Bei hinreichend großem Luftdurchsatz ändert sich der Luftzustand nicht und es ist $h_{g,\text{aus}} = h_{g,\text{ein}}$, $Y_{1,\text{aus}} = Y_{1,\text{ein}}$ sowie $\vartheta_{g,\text{aus}} = \vartheta_{g,\text{ein}}$. In diesem Fall ist Gl. (1.59) identisch mit Gl. (1.51), d.h. die adiabatische Beharrungstemperatur ist gleich der adiabatischen Sättigungstemperatur. Im allgemeinen sind für nicht zu hohe Beladungen, d.h. $p_1 \ll p$, $\alpha_g^0 = \alpha_g$ und $\beta_{g,1}^0 = \beta_{g,1}$. Sodann gilt

$$\frac{\alpha_g^0}{\varrho_{g,2}\beta_{g,1}^0} = (c_{p2} + Y_{1,\text{aus}} c_{p1,g}) \cdot Le^{2/3}, \tag{1.60}$$

was aus den Grundgesetzen der Wärme- und Stoffübertragung folgt, wenn diese die Form

$$Nu = C\, Re^m\, Pr^{1/3}$$

und

$$Sh = C\, Re^m\, Sc^{1/3}$$

haben. Es sind $Nu = \alpha_g L/\lambda_g$, $Sh = \beta_{g,1} L/\delta_{g,12}$, $Pr = \nu/\varkappa$, $Sc = \nu_g/\delta_{g,12}$ und $Le = \varkappa_g/\delta_{g,12}$.
ν = kinematische Viskosität, $\varkappa = \lambda_g/(c_{p2} + Y_1$, aus $c_{p1,g})\,\varrho_{g,2}$ = Temperaturleitfähigkeit, λ_g = Wärmeleitfähigkeit.

Gl. (1.57) nimmt damit die Form an:

$$\frac{h_g^*(\vartheta_l) - h_{g,\text{aus}}}{Y_1^*(\vartheta_l) - Y_{1,\text{aus}}} = c_{p1,l}\vartheta_l + (Le^{2/3} - 1)(c_{p2} + Y_{1,\text{aus}} c_{p1,g}) \frac{\vartheta_{g,\text{aus}} - \vartheta_l}{Y_1^*(\vartheta_l) - Y_{1,\text{aus}}}. \tag{1.61}$$

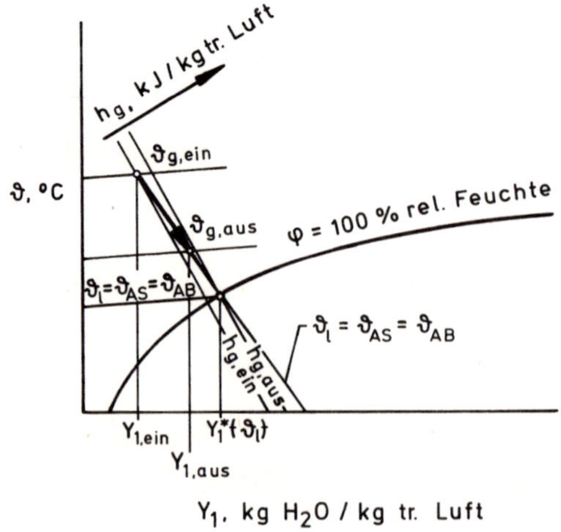

Abb. 1.4 Darstellung der adiabatischen Verdunstung bei Gültigkeit der Gl. (1.58), die man auch das Lewis'sche Gesetz nennt

Für $Le = 1$ wird Gl. (1.61) identisch mit Gl. (1.59); für $Le \neq 1$ ist die adiabatische Beharrungstemperatur von der adiabatischen Sättigungstemperatur verschieden.

Le-Zahlen sind weitgehend unabhängig von Druck und Temperatur. Nachfolgend sind einige Zahlenwerte für *Le* in verdünnten Gas-Dampf-Mischungen angegeben.

	in Luft	in Wasserstoff	in Kohlendioxid
Wasserdampf	0,866		
Methanol	1,40	2,84	1,02
Ethanol	1,83	3,75	1,32
Butanol	2,74	5,23	1,90

Für $Le > 1$ ist die adiabatische Beharrungstemperatur ϑ_{AB} größer als die adiabatische Sättigungstemperatur ϑ_{AS}, für $Le < 1$ ist es umgekehrt.

Für hohe Beladungen, d.h. $p_1 \to p$, weichen α_g^0 von α_g und $\beta_{g,1}^0$ von $\beta_{g,1}$ merklich ab. Diese Fälle werden im Abschn. 2.3, s. S. 34, behandelt.

Kennt man die Temperatur des Wassers im Zustand der thermischen Beharrung, so kennt man auch den zugehörigen Sattdampfdruck und damit die Sättigungsfeuchte der Luft an der Wasseroberfläche $Y_1^*(\vartheta_l)$. Sofern das Produkt $\beta_{g,1}^0 A_{Ph}$ bekannt ist, läßt sich daraus auch der Verdunstungsstrom $\dot{M}_1$ nach Gl. (1.43) berechnen. Dieses Produkt ist einer direkten Messung nicht zugänglich. Ersetzt man daher – wie auch schon bei der isothermen Verdunstung – in der Gl. (1.43) den Verdunstungsstrom $\dot{M}_1$ durch die aus der Mengenbilanz folgende Konzentrationsänderung des Wasserdampfes in der Luft $(Y_{1,aus} - Y_{1,ein})$ nach Gl. (1.36) und Gl. (1.37), so folgt

$$\frac{Y_{1,aus} - Y_{1,ein}}{Y_1^*(\vartheta_l) - Y_{1,aus}} = \mathrm{NTU}_{g,1}, \tag{1.62}$$

worin

$$\mathrm{NTU}_{g,1} = \frac{\varrho_{g,2}\,\beta_{g,1}^0\,A_{Ph}}{\dot{M}_2} \tag{1.63}$$

ist. Definiert man einen Wirkungsgrad der Sprudelschicht wie bei der isothermen Verdunstung gemäß Gl. (1.34), so gilt auch hier

$$E_{g,1} = \frac{Y_{1,aus} - Y_{1,ein}}{Y_1^*(\vartheta_l) - Y_{1,ein}} = \frac{\mathrm{NTU}_{g,1}}{1 + \mathrm{NTU}_{g,1}}. \tag{1.64}$$

Gemessene Wirkungsgrade liegen in der Größenordnung von ca. 0,7. Die Zeit, bis zu der eine bestimmte Wassermenge im thermischen Beharrungszustand verdunstet ist, läßt sich genau wie bei der isothermen Verdunstung nach Gl. (1.35) berechnen.

1.2.3 Verdunstung bei konstanter Flüssigkeitstemperatur

Wird der Behälter nach Abb. 1.2 beheizt oder gekühlt, so kann die Temperatur der Flüssigkeit ϑ_l über oder unter der adiabatischen Beharrungstemperatur liegen. Ein Sonderfall dieser Betriebsweise ist die im Abschn. 1.2.1 behandelte isotherme Verdunstung, bei der gerade soviel Wärme zugeführt wird, wie durch die Verdampfung der Flüssigkeit verbraucht wird. Im allgemeinen können aber auch Flüssigkeits- und Gastemperatur verschieden sein, so daß ein Teil der zu- oder abgeführten Wärme zur Änderung der Gastemperatur verbraucht wird. Der gesamte Wärmeverbrauch $\dot{Q}$ setzt sich dann aus zwei Anteilen, nämlich $\dot{Q}_{\text{latent}}$ für die Verdampfung und $\dot{Q}_{\text{sensibel}}$ für die Gaserwärmung zusammen:

$$\dot{Q} = \dot{Q}_{\text{lat}} + \dot{Q}_{\text{sens}}. \tag{1.65}$$

Hierin sind

$$\dot{Q}_{\text{lat}} = \dot{M}_1 \, \Delta h_{\text{Ph}}(\vartheta_l) = \varrho_{\text{g},2} \beta^0_{\text{g},1} \, A_{\text{Ph}} [Y_1^*(\vartheta_l) - Y_1] \, \Delta h_{\text{Ph}}(\vartheta_l)$$

und

$$\dot{Q}_{\text{sens}} = \alpha^0_{\text{g}} \, A_{\text{Ph}} (\vartheta_l - \vartheta).$$

Mit Gl. (1.56) für $\Delta h_{\text{Ph}}(\vartheta_l)$ und Gl. (1.60) für $\alpha^0_{\text{g}}/\varrho_{\text{g},2}\beta^0_{\text{g},1}$ folgt hieraus:

$$\dot{Q} = \varrho_{\text{g},2} \beta^0_{\text{g},1} \, A_{\text{Ph}} [(h^*_{\text{g}} - h_{\text{g}}) - (Y_1^* - Y_1) \, c_{\text{p}1,l} \vartheta_l + (Le^{2/3} - 1)(c_{\text{p}2} + Y_1 c_{\text{p}1,\text{g}})(\vartheta_l - \vartheta)]. \tag{1.66}$$

Für $\dot{Q} = 0$ liegt der adiabatische Fall vor, Gl. (1.66) geht über in Gl. (1.57). Für $Le = 1$ vereinfacht sich Gl. (1.66) zu

$$\dot{Q} = \varrho_{\text{g},2} \beta^0_{\text{g},1} \, A_{\text{Ph}} [(h^*_{\text{g}} - h_{\text{g}}) - (Y_1^* - Y_1) \, c_{\text{p}1,l} \vartheta_l]. \tag{1.67}$$

Für $\dot{Q} \neq 0$ kann man in der Regel den Summanden $(Y_1^* - Y_1) \, c_{\text{p}1,l} \vartheta_l$ vernachlässigen und man erhält

$$\dot{Q} \cong \varrho_{\text{g},2} \beta^0_{\text{g},1} \, A_{\text{Ph}} (h^*_{\text{g}} - h_{\text{g}}). \tag{1.68}$$

Für den Behälter nach Abb. 1.2 mit völlig durchmischter Gasphase ist $h_{\text{g}} = h_{\text{g,aus}}$. Außerdem gilt

$$\dot{Q} = \dot{M}_2 (h_{\text{g,aus}} - h_{\text{g,ein}}), \tag{1.69}$$

woraus mit Gl. (1.68) folgt:

$$\frac{h^*_{\text{g}} - h_{\text{g,aus}}}{h^*_{\text{g}} - h_{\text{g,ein}}} = \frac{1}{1 + \text{NTU}_{\text{g},1}}, \tag{1.70}$$

worin $\text{NTU}_{\text{g},1} = \varrho_{\text{g},2} \beta^0_{\text{g},1} A / \dot{M}_2$ ist.

Hieraus folgt, daß der Austrittszustand des Gases im Mollier-Diagramm auf der Verbindungsgeraden zwischen dem Eintrittszustand und dem durch die aufgeprägte Flüssigkeitstemperatur gegeben Sättigungszustand liegt, wie dies Abb. 1.5 zeigt.

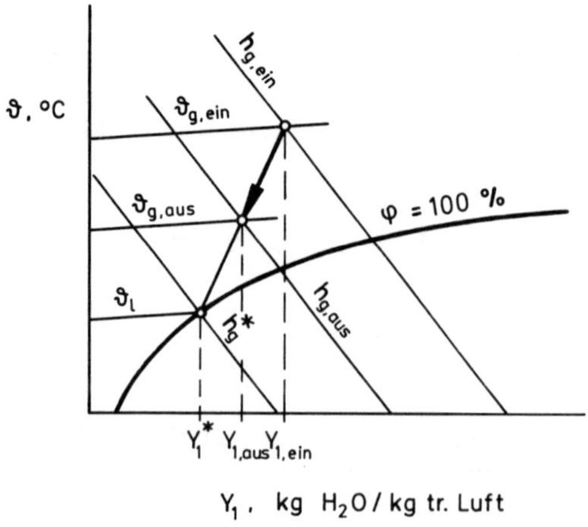

Abb. 1.5 Darstellung der Luftzustände im Mollier-Diagramm für vorgegebene, konstant gehaltene Wassertemperatur ϑ_l

Beispiel 1.6

In eine wassergefüllte und auf + 40 °C gehaltene Waschflasche werden 10^{-4} kg/s trokkene Luft eingeleitet. Die Abluft ist mit $\varphi = 70\,\%$ gesättigt. Die anfängliche Wassermenge $M_{l,0}$ betrug 200 ml.

a) Nach welcher Zeit war die Wassermenge vollständig verdunstet? Luftdruck $p = 750$ Torr (1000 mbar).

$$p_1^*\{40\,°\text{C}\} = 55{,}32 \text{ Torr } (73{,}58 \text{ mbar})$$
$$Y_1^* = 0{,}0796$$

und

$$p_{1,\text{aus}} = 0{,}70 \cdot p_1^* = 38{,}72 \text{ Torr } (51{,}49 \text{ mbar})$$
$$Y_1 = 0{,}0544.$$

Daraus folgt $E_{g,1} = 0{,}684$ und $\tau_A = 1/E_{g,1} = 1{,}462$ sowie $t_A = \tau_A M_{l,0}/\dot{M}_2 Y_1^* = 36\,734\,\text{s} = 10{,}2\,\text{h}$.

b) Wie groß ist die relative Verweilzeit der Luft in der Flasche bei Annahme völliger Rückvermischung?

$$\text{NTU}_{g,1} = \frac{E_{g,1}}{1 - E_{g,1}} = 2{,}165.$$

Beispiel 1.7

Welche Temperatur nimmt das Wasser in der luftdurchströmten Waschflasche an, wenn der Verdunstungsvorgang
a) thermodynamisch kontrolliert,
b) kinetisch kontrolliert
ist? Die Luft wird der Flasche trocken, d. h. $Y_{1,\text{ein}} = 0$ und mit $100\,°\text{C} = \vartheta_{g,\text{ein}}$ zugeführt. Der Druck beträgt $p = 750$ Torr (1000 mbar).

Im Falle a) ist die Abluft gesättigt. Der Luftdurchsatz ist niedrig, die relative Verweilzeit der Luft $\text{NTU}_{g,1}$ ist sehr lang (> 5). Die Wassertemperatur ist gleich der adiabatischen Sättigungstemperatur, $\vartheta_l = \vartheta_{AS}$ nach Gl. (1.51).

Im Falle b) ist der Abluftzustand „aus" gleich dem Zuluftzustand „ein". Der Luftdurchsatz ist sehr hoch, die relative Verweilzeit der Luft $\text{NTU}_{g,1}$ ist sehr kurz ($< 0{,}05$). Die Wassertemperatur ist gleich der adiabatischen Beharrungstemperatur $\vartheta_l = \vartheta_{AB}$ nach Gl. (1.57).

Die Gleichungen (1.51) und (1.57) lassen sich nur iterativ oder graphisch lösen. Zweckmäßig wählt man ϑ_l als unabhängige Variable und berechnet für verschiedene Werte die zugehörige Lufttemperatur $\vartheta_{g,\text{ein}}$. Graphische Interpolation ergibt dann die gesuchte Wassertemperatur.

Stoffwerte:	$\tilde{M}_1 =$ 18,02 kg/kmol		$\tilde{M}_2 =$ 28,96 kg/kmol	
	$c_{p1,l} =$ 4,179 kJ/kg K		$c_{p2} =$ 1,01 kJ/kg K	
	$c_{p1,g} =$ 1,90 kJ/kg K			
	$\Delta h^0_{Ph} =$ 2501 kJ/kg		$Le =$ 0,866	

$p_1^*\{\vartheta_l\}$ = Dampfdruckkurve, s. Tab. 1.1

$$Y_1^* = \frac{\tilde{M}_1}{\tilde{M}_2} \cdot \frac{p_1^*\{\vartheta_l\}}{p - p_1^*\{\vartheta_l\}}$$

$$h_g^* = c_{p2}\vartheta_l + Y_1^*(\Delta h^0_{Ph} + c_{p1,g}\vartheta_l).$$

Fall a) Gl. (1.51)

$$\vartheta_{g,ein}^{(AS)} = \frac{1}{c_{p2}} (h_g^* - Y_1^* c_{p1,l} \vartheta_l).$$

Fall b) Gl. (1.57)

$$\vartheta_{g,ein}^{(AB)} = \frac{1}{c_{p2} Le^{2/3}} \{h_g^* - [Y_1^* c_{p1,l} + c_{p2}(Le^{2/3} - 1)]\, \vartheta_l\}.$$

Für die Differenz $\vartheta_{g,ein}^{(AB)} - \vartheta_{g,ein}^{(AS)}$ folgt hieraus:

$$\vartheta_{g,ein}^{(AB)} - \vartheta_{g,ein}^{(AS)} = \frac{1 - Le^{2/3}}{Le^{2/3}} (\vartheta_{g,ein}^{(AS)} - \vartheta_l).$$

Tab. 1.1 Auswertung

ϑ_l (°C)	5	10	15	20	25	30	35	40
p_1^* (Torr, mbar)	6,54 (8,69)	9,21 (12,24)	12,79 (17,01)	17,54 (23,32)	23,76 (31,60)	31,82 (42,32)	42,18 (56,09)	55,32 (73,58)
Y_1^*	0,0055	0,0077	0,0108	0,0149	0,0203	0,0276	0,0371	0,0495
h_g^* (kJ/kg)	18,85	29,50	42,47	58,03	76,98	100,90	130,60	167,96
$\vartheta_{g,ein}^{(AS)}$ (°C)	18,6	29,1	41,7	56,9	75,3	98,3	128,9	158,1
$\vartheta_{g,ein}^{(AB)}$ (°C)	20,0	31,0	44,4	60,6	80,4	105,2	138,4	170,0

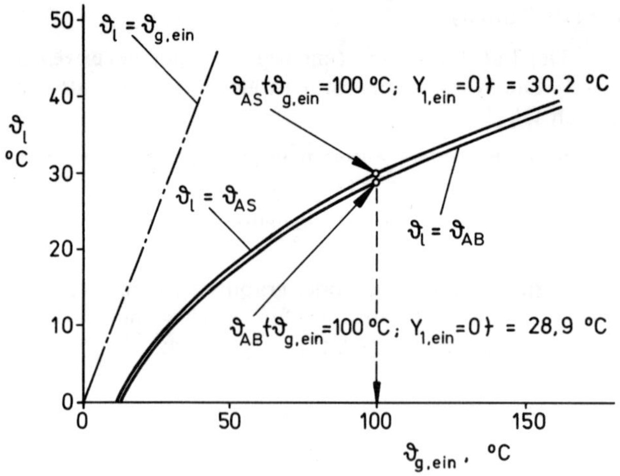

Bei geringem Luftdurchsatz nimmt das Wasser eine Temperatur von 30,2 °C, bei großem Luftdurchsatz eine von 28,9 °C an.

Beispiel 1.8

Wie schnell verdunstet ein Wasser-, ein Methanol- bzw. ein Butanol-Tropfen in ruhender, trockener Luft von 100 °C? Tropfenanfangsdurchmesser $2R_0 = 2$ mm. $Sh_1 = Nu = 2$.

Die Verdunstung erfolge im Beharrungszustand, d. h. die Anfangstemperatur der Tropfen sei jeweils gleich der adiabatischen Beharrungstemperatur ϑ_{AB}. Druck $p = 750$ Torr $=$ 1000 mbar.

Stoffwerte:	Methanol	Butanol	
$\tilde{M}_1$ kg/kmol	32,04	74,12	
$c_{p1,l}$ kJ/kg K	2,50	2,35	(bei 20 °C)
$\varrho_{1,l}$ kg/m^3	790	810	(bei 20 °C)
$c_{p1,g}$ kJ/kg K	1,4	1,5	(bei 25 °C)
Δh^0_{Ph} kJ/kg	1171	690	(bei 0 °C)
$\vartheta_l\{p_1^* = 500$ mbar$\}$ °C	48,4	99,2	
$\vartheta_l\{p_1^* = 250$ mbar$\}$ °C	33,5	82,9	
$\vartheta_l\{p_1^* = 100$ mbar$\}$ °C	15,9	64,7	
$\vartheta_l\{p_1^* = 50$ mbar$\}$ °C	3,9	52,3	
$\vartheta_l\{p_1^* = 25$ mbar$\}$ °C	−7,0	40,4	
$\vartheta_l\{p_1^* = 10$ mbar$\}$ °C	−20,1	25,9	
$\vartheta_l\{p_1^* = 5$ mbar$\}$ °C	−28,9	16,0	
$\vartheta_l\{p_1^* = 2{,}5$ mbar$\}$ °C	−37,0	6,7	
Le	1,4	2,74	
ϑ_{AB} °C	12,0	54,0	
(ϑ_{AS} °C)	(~9,0)	(~44,0)	

Die adiabatischen Beharrungstemperaturen ergeben sich zu $\vartheta_{AB} = 12$ °C für Methanol, 29 °C für Wasser und 54 °C für Butanol.

Die Verdunstungszeit kann nun z. B. über die Wärmezufuhr von der Luft zum Tropfen berechnet werden.

$$\dot{Q} + \Delta h_{Ph} \frac{dM_1}{dt} = 0$$

$$\frac{dM_1}{dt} = \varrho_{1,l} A \frac{dR}{dt}$$

$$\dot{Q} = \alpha_g^0 A(\vartheta_g - \vartheta_{AB})$$

$$\alpha_g = \frac{\lambda_g}{R} \cong \alpha_g^0; \qquad \lambda_g = 0{,}028 \text{ W/mK (bei 50 °C)}.$$

Hieraus folgt:

$$t_v = \frac{1}{2} \frac{\varrho_{1,l} \Delta h_{Ph} R_0^2}{\lambda_g(\vartheta_g - \vartheta_{AB})}.$$

	Methanol	Wasser	Butanol
$\Delta h_{Ph}\{\vartheta_{AB}\}$ (kJ/kg)	1158	2430	644
t_v (s)	185,6	611,2	202,5

Bei wesentlich höheren Lufttemperaturen, d. h. höheren Partialdrücken der Dämpfe an der Tropfenoberfläche, sind für die Wärme- und Stoffübertragung anstelle der linearen logarithmische Ansätze zu verwenden, s. Abschn. 2.3, S. 35, 36.

1.3 Der Rieselfilm

Rieselfilme können z. B. an der Innenwand senkrecht stehender Rohre erzeugt werden, wie dies Abb. 1.6 zeigt.

Wir wollen den Fall untersuchen, bei dem Wasser in Luft bei mäßigen Wasserdampfbeladungen adiabatisch verdunstet. In diesem Fall sind adiabatische Beharrungs- und Sättigungstemperatur näherungsweise gleich. Läuft die Flüssigkeit bereits mit der Beharrungstemperatur zu, so ist ϑ_l längs der Säule konstant. Somit ist auch die Sätti-

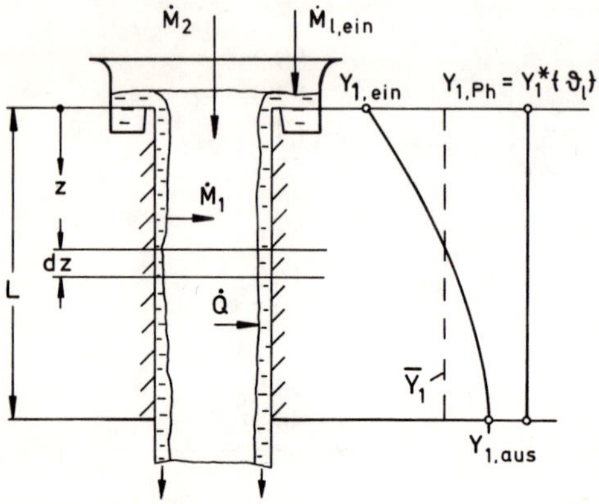

Abb. 1.6 Adiabatische Verdunstung in einer Rieselfilmsäule

gungsbeladung der Luft an der Phasengrenzfläche $Y_{1,Ph} = Y_1^*(\vartheta_l)$ konstant. Hingegen nimmt die Wasserdampfbeladung der Luft von $Y_{1,ein}$ auf $Y_{1,aus}$ zu. Die Zustandsänderung der Luft verläuft gemäß den Voraussetzungen längs einer durch den Zustandspunkt des Lufteintrittes gehenden verlängerten Nebelisothermen wie in Abb. 1.4 dargestellt. Damit ist die Temperatur des Wasserfilmes bekannt. Die Frage lautet, welche Wassermenge in der Säule je Zeiteinheit verdunstet. Die Mengenbilanzen lauten

$$\dot{M}_2 Y_1 + \dot{M}_l = \dot{M}_2 Y_{1,ein} + \dot{M}_{l,ein} \tag{1.71}$$

oder

$$\begin{aligned} &\dot{M}_2 \, dY_1 + d\dot{M}_l = 0 \\ &\qquad \dot{M}_{l,z} = \dot{M}_{l,z+dz} + d\dot{M}_1 \end{aligned} \tag{1.72}$$

oder

$$d\dot{M}_l + d\dot{M}_1 = 0 \tag{1.73}$$

und der kinetische Ansatz für die Stoffübertragung

$$d\dot{M}_1 = \varrho_{g,2} \beta^0_{g,1} [Y_1^*(\vartheta_l) - Y_1] \, dA_{Ph}, \tag{1.74}$$

wobei wiederum angenommen wird, daß an der Phasengrenze Gleichgewicht herrsche. Hieraus folgt

$$-\int\limits_{Y_1^* - Y_{1,ein}}^{Y_1^* - Y_{1,aus}} \frac{d[Y_1^*(\vartheta_l) - Y_1]}{Y_1^*(\vartheta_l) - Y_1} = \frac{\varrho_{g,2} \beta^0_{g,1} A_{Ph}}{\dot{M}_2} \tag{1.75}$$

und integriert

$$\frac{Y_1^*(\vartheta_l) - Y_{1,aus}}{Y_1^*(\vartheta_l) - Y_{1,ein}} = \exp(-\mathrm{NTU}_{g,1}), \tag{1.76}$$

worin

$$\mathrm{NTU}_{g,1} = \frac{\varrho_{g,2}\,\beta^0_{g,1}\,A_{Ph}}{\dot{M}_2} \tag{1.77}$$

ist. Der Wirkungsgrad der Rieselfilmsäule in bezug auf die Luftbefeuchtung ist damit

$$E_{g,1} = \frac{Y_{1,aus} - Y_{1,ein}}{Y_1^*(\vartheta_l) - Y_{1,ein}} = 1 - \exp(-\mathrm{NTU}_{g,1}). \tag{1.78}$$

Die je Zeiteinheit verdunstete Wassermenge ist

$$\Delta\dot{M}_l = \dot{M}_{l,ein} - \dot{M}_{l,aus} = \dot{M}_2(Y_{1,aus} - Y_{1,ein})$$

oder

$$\Delta\dot{M}_l = E_{g,1}\,\dot{M}_2[Y_1^*(\vartheta_l) - Y_{1,ein}]. \tag{1.79}$$

Im Unterschied zur ideal durchmischten Sprudelschicht hat die Rieselfilmsäule bei gleicher $\mathrm{NTU}_{g,1}$ einen höheren Wirkungsgrad (z.B. für $\mathrm{NTU}_{g,1} = 1 \rightarrow E_g = 0{,}5$ für die Sprudelschicht und $E_g = 0{,}63$ für die Rieselfilmsäule). Dies liegt daran, daß der mittlere treibende Konzentrationsunterschied bei der Sprudelschicht als Folge der völligen Durchmischung nur $(Y_1^* - Y_{1,aus})$ ist. während bei der Rieselfilmsäule wegen der nicht vorhandenen Rückvermischung der Luft in Strömungsrichtung ein höherer Wert, nämlich $(Y_1^* - \bar{Y}_1)$, s. Abb. 1.6, zur Verfügung steht.

1.4 Die Füllkörpersäule

Die Füllkörpersäule besteht aus einem senkrecht stehenden Rohrkörper, der mit Füllkörpern (z.B. Raschig-Ringen) gefüllt ist. Auf die Säule wird von oben Flüssigkeit aufgegeben, die längs der Füllkörperoberfläche nach unten rieselt, während das Gas in der Regel im Gegenstrom durch die Säule von unten nach oben geführt wird, s. Abb. 1.7.

Die Füllkörper dienen dem Zweck, einmal eine größere Phasengrenzfläche zu erzeugen und zweitens die Flüssigkeit am zu schnellen Durchströmen der Säule zu hindern, falls wegen eines möglichen Stoffübergangswiderstandes in der flüssigen Phase (der bei der Verdunstung reiner Stoffe nicht vorkommt) die Flüssigkeit eine hinreichend lange Verweilzeit in der Säule haben muß. Typische Füllkörper sind Raschig-Ringe, Pall-Ringe, Berl-Sättel, Drahtgewebe u.a.m., s. Abb. 1.8.

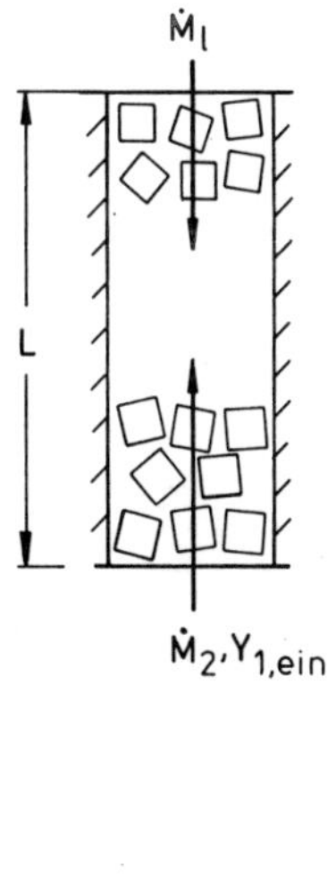

Abb. 1.7 Schematische Darstellung einer Füllkörpersäule

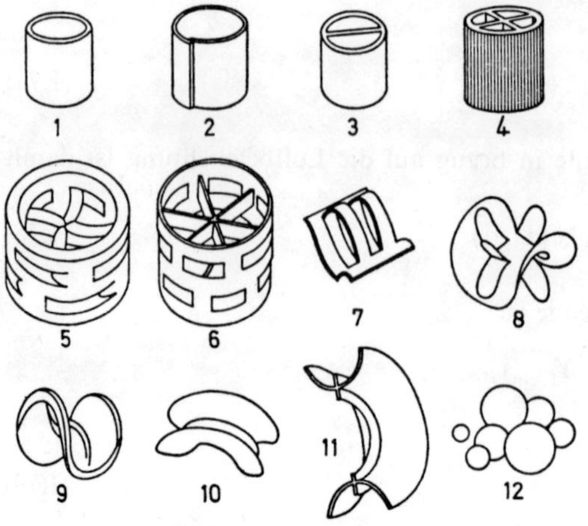

1 Raschig-Ring aus Keramik
2 Raschig-Ring aus Metallblech
3 Füllring mit Steg aus Keramik
4 Füllring mit Kreuzsteg aus Keramik
5 Pall-Ring aus Keramik
6 Pall-Ring aus Kunststoff
7 Interpack aus Metallblech
8 Super-Sattel aus Metallblech
9 Berl-Sattel aus Keramik
10 Novalox-Sattel aus Keramik
11 Torus-Sattel aus Kunststoff
12 Kugeln aus Keramik u. Sondermassen

aus Römpps Chemie-Lexikon, Bd. 2 (1981) Franckh'sche Verlagshandlung, Stuttgart.

Abb. 1.8 Verschiedenartige Füllkörper

Im übrigen arbeitet die Füllkörpersäule wie eine Rieselfilmsäule. Demnach gelten auch die gleichen physikalischen Grundlagen, d. h. Bilanzen, kinetische Ansätze und Gleichgewichtsbedingungen. Betrachten wir wieder die adiabatische Verdunstung von Wasser in Luft, so folgt für den Wirkungsgrad der Luftbefeuchtung

$$E_{g,1} = \frac{Y_{1,\text{aus}} - Y_{1,\text{ein}}}{Y_1^*(\vartheta_l) - Y_{1,\text{ein}}} = 1 - \exp(-\text{NTU}_{g,1}),$$

worin

$$\text{NTU}_{g,1} = \frac{\varrho_{g,2}\,\beta^0_{g,1}\,a_{\text{Ph}}\,V_s}{\dot{M}_2} \tag{1.80}$$

ist. a_{Ph} in m^2/m^3 ist die effektive Phasengrenzfläche bezogen auf das Volumen der Füllkörpersäule V_s. Sie ist in der Regel kleiner als die geometrische Oberfläche der Füllkörper a^0_{Ph}, einerseits wegen der unvollständigen Benetzung und andererseits wegen der Bildung von Flüssigkeitszwickeln. Sind f der Säulenquerschnitt und L die Säulenhöhe, so ist

$$V_s = f\,L. \tag{1.81}$$

Bezeichnet man mit u^0_g die Strömungsgeschwindigkeit der trockenen Luft im leer gedachten Säulenquerschnitt beim Gesamtdruck p

$$u^0_g = \frac{\dot{M}_2}{\varrho_{g,2}\,f}, \tag{1.82}$$

so folgt aus Gl. (1.80)

$$\text{NTU}_{g,1} = \frac{\beta^0_{g,1}\,a_{\text{Ph}}}{u^0_g}\,L. \tag{1.83}$$

Die Größe

$$\frac{u^0_g}{\beta^0_{g,1}\,a_{\text{Ph}}} = \text{HTU}_{g,1} \tag{1.84}$$

hat in der Literatur die Bezeichnung „Höhe einer Übertragungseinheit" (height of a transfer unit); Dimension m. Damit läßt sich Gl. (1.83) auch schreiben

$$L = \mathrm{NTU}_{g,1} \cdot \mathrm{HTU}_{g,1}. \tag{1.85}$$

Gemessene HTU-Werte für industriell verwendete Füllkörperarten liegen je nach Füllkörpergröße und je nach der Art von Flüssigkeit und Gas in der Größenordnung von 10 cm bis 1 m.

Beispiel 1.9

In einem Sprühturm soll Luft vom Zustand $\vartheta_{g,ein}$, $Y_{1,ein}$ befeuchtet werden. Das Sprühwasser wird ständig im Kreislauf gefahren. Welchen Zustand hat die Luft nach Verlassen des Sprühturmes, $\vartheta_{g,aus}$, $Y_{1,aus}$? Es kann näherungsweise $\vartheta_{AB} = \vartheta_{AS}$ gesetzt werden.

$\vartheta_{g,ein} = 71\,°C$ $Y_{1,ein} = 10$ g/kg

$p = 750$ Torr (1 bar) $\mathrm{HTU}_{g,1} = 1$ m $L = 2$ m.

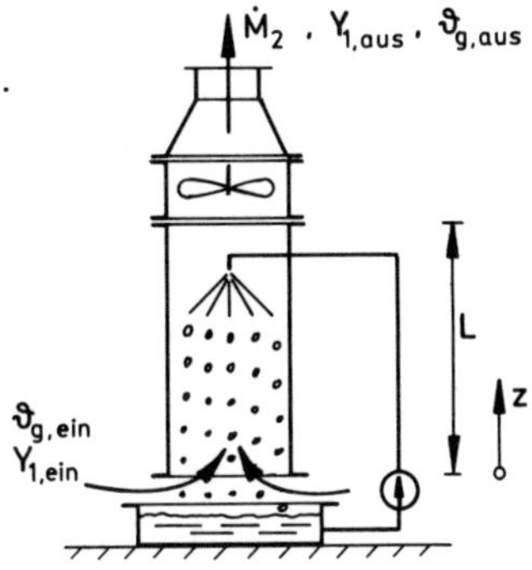

Lösung:

$\vartheta_{AB} = \vartheta_{AS} = 30\,°C$ aus Mollier-Diagramm

$Y_1^* = 27{,}5$ g/kg

$\mathrm{NTU}_{g,1} = L/\mathrm{HTU}_{g,1} = 2$

$Y_{1,aus} = 25{,}1$ g/kg, $\vartheta_{g,aus} = 36\,°C$.

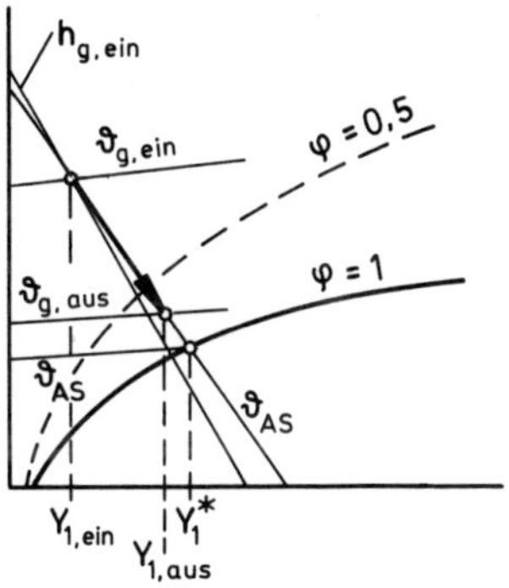

Zusatzfrage

Welchen Luftaustrittszustand würde man erreichen, wenn bei sonst gleichen Daten der Luftdruck $p = 2$ bar beträgt?

Antwort

Die Sättigungslinie liegt im Mollier-Diagramm für $p = 2$ bar bei $\varphi = 0{,}5$.

Daraus folgt:

$\vartheta_{AB} = \vartheta_{AS} = 40\,°C$ und $Y_1^* = 23{,}0$ g/kg

sowie

$Y_{1,aus} = 21{,}2$ g/kg und $\vartheta_{g,aus} = 45\,°C$.

Beispiel 1.10

In den Wasserkreislauf des Sprühturmes nach Beispiel 1.9 wird ein Kühlaggregat eingebaut, das das Wasser ständig auf $\vartheta_W = +2\,°C$ hält. Auf welche Restfeuchte kann die Luft von 71 °C; 10 g/kg getrocknet werden? Die Wassererwärmung im Kühlturm sei vernachlässigbar gering (große Umwälzmenge), $Le^{2/3} \cong 1$.

Lösung:

$$\frac{h_{g,aus} - h_{g,ein}}{h_g^* - h_{g,ein}} = \frac{Y_{1,aus} - Y_{1,ein}}{Y_1^* - Y_{1,ein}} = 1 - \exp(-\mathrm{NTU}_{g,1})$$

$$Y_1^*(2\,°C) = 4{,}3\ \text{g/kg} \quad \text{und} \quad Y_{1,aus} = 5{,}07\ \text{g/kg}.$$

2. Physikalische Grundlagen der Stoffübertragung

Der im Kap. 1 phänomenologisch eingeführte kinetische Ansatz

$$\dot{N}_j = A n_z \beta^{\theta}_{z,j} (\tilde{z}_{j,Ph} - \tilde{z}_j) \tag{2.1}$$

enthält neben der molaren Dichte der Phase z und dem Konzentrationsunterschied zwischen Phasengrenzfläche und Phaseninnerem den Stoffübergangskoeffizienten $\beta^{\theta}_{z,j}$. Angaben über die Größe dieses Koeffizienten lassen sich machen, wenn man dazu die Gesetze der **Diffusion** heranzieht. Diese Gesetze beschreiben den Transport von Stoffmengen bestimmter Spezies unter der Wirkung von Konzentrationsunterschieden. Träger eines solchen Transportes sind Atome, Moleküle, Ionen. Wir wollen zunächst die Bewegung von Molekülen in sehr verdünnten Gasen untersuchen. Danach soll die Bewegung in mäßig verdünnten Gasen und schließlich die in Flüssigkeiten analysiert werden. Aus den Ergebnissen dieser Analysen sollen dann Bestimmungsgleichungen für den durch Gl. (2.1) definierten Stoffübergangskoeffizienten hergeleitet werden.

2.1 Binäre Diffusion in sehr verdünnten Gasen – Knudsen'sche Diffusion

Der Ausdruck **sehr verdünnt** bedarf einer Präzisierung. Man versteht darunter die Tatsache, daß innerhalb eines abgegrenzten Volumens die Moleküle des eingeschlossenen Gases praktisch nur mit den Begrenzungswänden dieses Volumens, nicht aber auch untereinander zusammenstoßen. Dieser Fall liegt dann vor, wenn die freie Weglänge der Gasmoleküle wesentlich größer ist als die Ausdehnung des betrachteten Volumens. Hat das Volumen die Ausdehnung S und ist die freie Weglänge Λ_{mol}, so ist der sehr verdünnte Zustand durch die Angabe definiert:

$$\frac{\Lambda_{mol}}{S} \gg 1 \tag{2.2}$$

Das Verhältnis Λ_{mol}/S wird auch Knudsen-Zahl Kn genannt (M. Knudsen, 1871–1949). Die freie Weglänge in Gasen berechnet man nach der Formel

$$\Lambda_{mol} = \frac{1}{\sqrt{2}\, n \pi \sigma^2 N_A}. \tag{2.3}$$

Hierin sind

$$n = \frac{p}{\tilde{R}T}$$

die molare Dichte, p der Druck, $\tilde{R}$ die universelle Gaskonstante, T die absolute Temperatur, σ der Moleküldurchmesser (0,3 bis 0,5 nm) und N_A die Avogadro-Konstante = $6{,}02252 \cdot 10^{23}\ \mathrm{mol}^{-1}$. Für 0 °C und 1 bar ergibt sich $n^0 = 1/22{,}4\ \mathrm{kmol/m^3}$.

Wir betrachten nun die Bewegung von Molekülen der Sorte 1 aus einem gasdurchströmten Volumen V_A durch eine poröse Wand (Membran) hindurch in ein ebenfalls gasdurchströmtes Volumen V_B hinein, s. Abb. 2.1. In beiden Volumina seien Druck und Temperatur und damit auch die molaren Dichten gleich, d. h. $n_g^A = n_g^B = n_g$. Der Durchmesser der Poren sei gleich ihrer Länge S und erfülle die Bedingung nach Gl. (2.2). Sodann ist der von V_A nach V_B übertretende Mengenstrom der Spezies 1

$$\underset{\rightarrow}{\dot{N}}_1^{AB} = \tfrac{1}{6} A n_{g,1}^A \bar{w}_1 . \tag{2.4}$$

A ist die Summe aller Porenquerschnitte, $n_{g,1}^A$ die Partialdichte der Spezies 1 im Volumen V_A. $\bar{w}_1$ ist die mittlere Fluggeschwindigkeit der Moleküle der Spezies 1 aufgrund ihrer thermischen Eigenbewegung

$$\bar{w}_1 = \sqrt{\frac{8}{\pi} R_1 T} = \sqrt{\frac{8}{\pi} \frac{\tilde{R} T}{\tilde{M}_1}} . \tag{2.5}$$

Der Faktor 1/6 rührt daher, daß die Bewegung der Moleküle ungeordnet ist. Denkt man sich das Volumen V_A als einen Würfel, so fliegen jeweils nur 1/6 aller darin vorhandenen Moleküle auf eine der 6 Würfelflächen zu. (Eine genauere Rechnung, d. h. eine Integration unter Berücksichtigung der tatsächlichen Geschwindigkeitsverteilung, ergibt den Faktor 1/4.) Da die Ausdehnung der Öffnung sehr viel kleiner als die mittlere freie Weglänge der Moleküle ist, finden keine Zusammenstöße der Moleküle mit den Wänden der Öffnung noch mit irgendwelchen anderen Molekülen in der Öffnung statt. Das heißt, alle Moleküle, die aus dem Volumen V_A kommend auf die Öffnung zufliegen, fliegen auch durch sie hindurch. Dies ist die physikalische Rechtfertigung der Gl. (2.4) für den übertretenden Strom $\underset{\rightarrow}{\dot{N}}_1^{AB}$.

In der gleichen Weise läßt sich nun der in umgekehrter Richtung übertretende Strom der Spezies 1 angeben

$$\underset{\leftarrow}{\dot{N}}_1^{BA} = \tfrac{1}{6} A n_{g,1}^B \bar{w}_1 . \tag{2.6}$$

Der insgesamt von V_A nach V_B übertretende Nettostrom der Spezies 1 ist dann

$$\underset{\rightarrow}{\dot{N}}_1 = \underset{\rightarrow}{\dot{N}}_1^{AB} - \underset{\leftarrow}{\dot{N}}_1^{BA} \tag{2.7}$$

oder

$$\underset{\rightarrow}{\dot{N}}_1 = \tfrac{1}{6} A \bar{w}_1 (n_{g,1}^A - n_{g,1}^B) . \tag{2.8}$$

Bedenkt man, daß der Molenbruch der Spezies 1 in den Volumina V_A bzw. V_B gegeben ist durch

$$\tilde{y}_1^A = n_{g,1}^A / n_g^A \quad \text{bzw.} \quad \tilde{y}_1^B = n_{g,1}^B / n_g^B , \tag{2.9}$$

so ist mit $n_g^A = n_g^B = n_g$ und $\dot{n}_1 = \dot{N}_1 / A$

$$\underset{\rightarrow}{\dot{n}}_1 = \tfrac{1}{6} \bar{w}_1 n_g (\tilde{y}_1^A - \tilde{y}_1^B) . \tag{2.10}$$

In gleicher Weise läßt sich für den von V_B nach V_A übertretenden Nettostrom der Spezies 2 ableiten:

$$\underset{\rightarrow}{\dot{n}}_2 = \tfrac{1}{6} \bar{w}_2 n_g (\tilde{y}_2^A - \tilde{y}_2^B) . \tag{2.11}$$

Dies sind die kinetischen Ansätze für die sog. **Knudsen'sche Molekulardiffusion**.

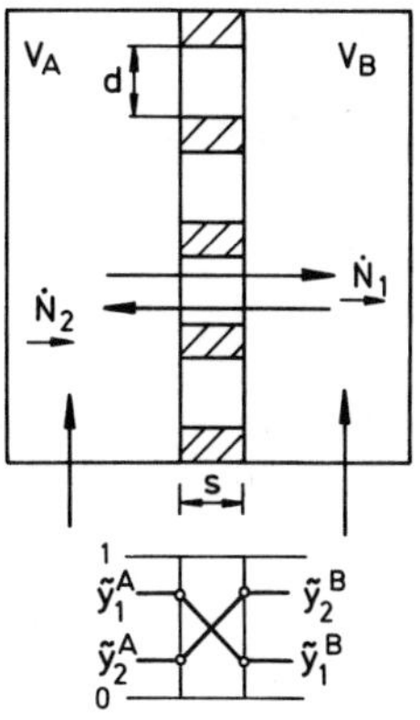

Abb. 2.1 Diffusion durch eine poröse Wand, $d << \Lambda_{mol}$, $S << \Lambda_{mol}$

Gleichsetzung von $\underset{\to}{\dot{N}}_j$ und $\dot{N}_j$ und ein Vergleich der Koeffizienten der Gln. (2.10) und (2.11) einerseits und der Gl. (2.1) andererseits ergibt die gesuchten Bestimmungsgleichungen für die Stoffübergangskoeffizienten für den Fall der Gasdiffusion durch eine poröse Wand, deren Porenabmessungen der Bedingung $d \ll \Lambda_{mol}$ und $S \ll \Lambda_{mol}$ genügen:

$$\beta^{\Theta}_{g,1} = \tfrac{1}{6}\bar{w}_1 = {}_{max}\beta^{\Theta}_{g,1} \tag{2.12}$$

$$\beta^{\Theta}_{g,2} = \tfrac{1}{6}\bar{w}_2 = {}_{max}\beta^{\Theta}_{g,2}. \tag{2.13}$$

Dies sind gleichzeitig die maximalen Stoffübertragungskoeffizienten, die in Gasen überhaupt auftreten können, denn durch Zusammenstöße der Moleküle mit den Porenwänden oder auch untereinander wird der Stofftransport nur behindert.

Ist zwar $d \ll \Lambda_{mol}$, jedoch $S \gg \Lambda_{mol}$, gilt

$$\beta^{\Theta}_{g,j} = \frac{4}{3}\frac{d}{S}\,{}_{max}\beta^{\Theta}_{g,j}, \tag{2.14}$$

wobei $S \gg d$ ist.

In dem Beispiel nach Abb. 2.1 haben die zu beiden Seiten der porösen Wand strömenden Gasmengen dafür gesorgt, daß die Molenbrüche dort jeweils zeitlich konstant sind. Wir wollen diese Versuchsanordnung dahingehend abändern, daß die Volumina V_A und V_B abgeschlossene Räume bilden, die isotherm gehalten werden, s. Abb. 2.2.

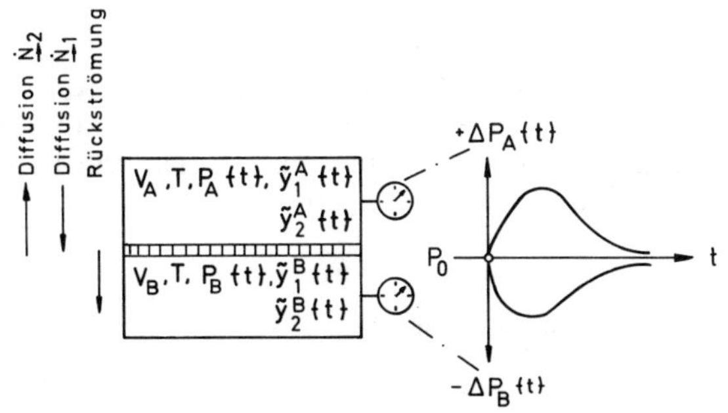

Abb. 2.2 Knudsen'sche Molekulardiffusion und Rückströmung durch eine Membran

Zur Zeit null mögen sich im Raum A reiner Stoff 1 und im Raum B reiner Stoff 2 befinden, d. h. $\tilde{y}_1^A(0) = 1$ und $\tilde{y}_1^B(0) = 0$. Sodann verhalten sich die Molenströme gemäß den Gln. (2.10) und (2.11) sowie (2.5) umgekehrt wie die Wurzeln der Molmassen

$$\frac{\underset{\rightarrow}{\dot{n}}_1(0)}{\underset{\rightarrow}{\dot{n}}_2(0)} = \sqrt{\frac{\tilde{M}_2}{\tilde{M}_1}}. \tag{2.15}$$

Falls z. B. der Stoff 2 leichter als der Stoff 1 ist (H_2 gegen N_2) werden mehr Moleküle in den Raum A als in den Raum B einströmen. Dadurch wird der Gesamtdruck im Raum A mit der Zeit über den Anfangsdruck p_0 hinaus ansteigen, während der Gesamtdruck im Raum B entsprechend abfällt. Durch diesen sich aufbauenden Gesamtdruckunterschied kommt eine Rückströmung **beider** Stoffe von A nach B zustande, die schließlich den Gesamtdruckunterschied wieder abbaut. Am Ende befinden sich nach erfolgtem Gesamtdruckausgleich in beiden Räumen wieder die gleiche Anzahl von Molekülen wie am Anfang. Insgesamt hat also lediglich ein Platzwechsel zwischen den Molekülen 1 und 2 stattgefunden, d. h. im zeitlichen Mittel waren die Molenströme $\underset{\rightarrow}{\dot{n}}_{1,m}$ und $\underset{\rightarrow}{\dot{n}}_{2,m}$ gleich. Es scheint nun einsichtig, daß die ausgleichende Rückströmung bei um so kleinerem Gesamtdruckunterschied zustande kommt, je größer der Porendurchmesser ist. Ist er hinreichend groß, so wird der Gesamtdruckunterschied schließlich vernachlässigbar klein. Außerdem tritt dann aber auch der Fall ein, daß der Porendurchmesser d größer als die freie Weglänge der Gasmoleküle wird. In diesem Fall stoßen die Moleküle in den Poren untereinander zusammen. Wir kommen damit zu dem Fall der Diffusion in mäßig verdünnten Gasen.

2.2 Binäre Diffusion in mäßig verdünnten Gasen – Stefan'sche oder gewöhnliche Diffusion

Der Zustand des mäßig verdünnten Gases ist dadurch gekennzeichnet, daß die Porenabmessungen d und S größer als die freie Weglänge der Moleküle sind. Außerdem sollen die Poren so groß sein, daß die vorerwähnte Rückströmung aus dem Raum A in den Raum B, s. Abb. 2.2, bei vernachlässigbarem Druckunterschied erfolgen kann.

Dann sind in diesen Räumen neben den Temperaturen auch die Drücke und damit die molaren Dichten gleich und zeitlich konstant, d. h. $n_g^A = n_g^A = n_g$. Daraus folgt, daß auch die Molenströme $\underset{\rightarrow}{\dot{N}}_1$ und $\underset{\rightarrow}{\dot{N}}_2$ dem Betrage nach gleich sein müssen, denn es gilt aufgrund der Massenerhaltung

$$V_A \frac{\mathrm{d}n_g^A}{\mathrm{d}t} + V_b \frac{\mathrm{d}n_g^B}{\mathrm{d}t} = \underset{\rightarrow}{\dot{N}}_1 + \underset{\rightarrow}{\dot{N}}_2 = 0. \tag{2.16}$$

Hieraus folgt wiederum, daß auch die effektiven Translationsgeschwindigkeiten beider Molekülsorten gleich sein müssen. Diese effektive Translationsgeschwindigkeit läßt sich aus der Überlegung bestimmen, daß sich dem Impuls der Diffusionsströme der Impuls der Rückströmung überlagert:

$$\bar{w}_{1,\mathrm{eff}}^2 = \bar{w}_1^2 - \tfrac{1}{2}\Delta\bar{w}^2 = \bar{w}^2 \tag{2.17}$$

$$\bar{w}_{2,\mathrm{eff}}^2 = \bar{w}_2^2 + \tfrac{1}{2}\Delta\bar{w}^2 = \bar{w}^2 \tag{2.18}$$

$$\Delta\bar{w}^2 = \bar{w}_1^2 - \bar{w}_2^2. \tag{2.19}$$

Mit $\bar{w}_1 = \sqrt{8\tilde{R}T/\pi\tilde{M}_1}$ und $\bar{w}_2 = \sqrt{8\tilde{R}T/\pi\tilde{M}_2}$ folgt hieraus

$$\bar{w} = \sqrt{\frac{8\tilde{R}T}{\pi\tilde{M}_{12}}}, \tag{2.20}$$

worin $\tilde{M}_{12}$ eine mittlere effektive Molmasse ist:

$$\frac{1}{\tilde{M}_{12}} = \frac{1}{2}\left(\frac{1}{\tilde{M}_1} + \frac{1}{\tilde{M}_2}\right). \tag{2.21}$$

Auch die freie Weglänge nach Gl. (2.3) ist für die beiden Molekülsorten verschieden, sofern ihre Durchmesser σ verschieden sind. Für ein Gasgemisch kann man näherungsweise mit einer gemeinsamen mittleren freien Weglänge rechnen, wenn man in die Gl. (2.17) einen mittleren effektiven Moleküldurchmesser einsetzt:

$$\sigma_{12} = \tfrac{1}{2}(\sigma_1 + \sigma_2). \tag{2.22}$$

Wir erhalten

$$\Lambda_{\text{mol}} = \frac{1}{\sqrt{2}\, n_g \pi \sigma_{12}^2 N_A}. \tag{2.23}$$

Nach diesen Festlegungen betrachten wir nun wieder die Poren der porösen Wand nach Abb. 2.1, jedoch für den Fall $d \gg \Lambda_{\text{mol}}$ und $S \gg \Lambda_{\text{mol}}$. Wir greifen eine Pore heraus und unterteilen sie in Streifen von der Dicke Λ_{mol}, s. Abb. 2.3. Durch die Ebene s fließt der molare Mengenstrom der Spezies 1 von der Ebene $s - \Lambda_{\text{mol}}$ kommend

$$\underset{\to}{\dot{N}}{}_1^{AB} = \tfrac{1}{6} A n_g \bar{w} \tilde{y}_1' \tag{2.24}$$

und umgekehrt von der Ebene $s + \Lambda_{\text{mol}}$ kommend

$$\underset{\to}{\dot{N}}{}_1^{BA} = \tfrac{1}{6} A n_g \bar{w} \tilde{y}_1''. \tag{2.25}$$

Der Nettostrom von A nach B ist dann

$$\underset{\to}{\dot{N}}{}_1 = \underset{\to}{\dot{N}}{}_1^{AB} - \underset{\to}{\dot{N}}{}_1^{BA} = \tfrac{1}{6} A n_g \bar{w}(\tilde{y}_1' - \tilde{y}_1''). \tag{2.26}$$

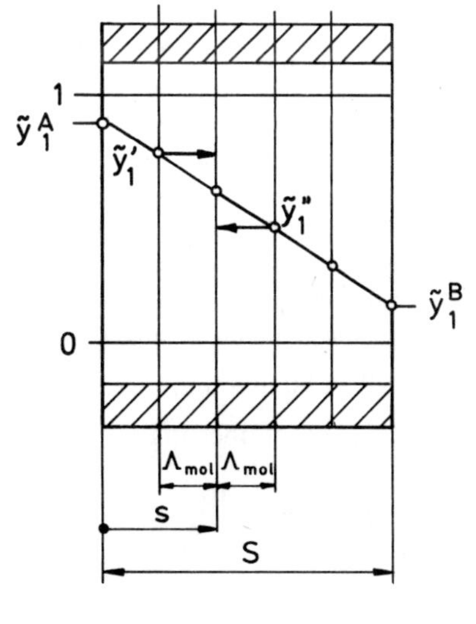

Abb. 2.3 Diffusion durch eine Pore für den Fall $d >> \Lambda_{\text{mol}}$ und $S >> \Lambda_{\text{mol}}$

Nun ist die gesamte Konzentrationsdifferenz

$$\tilde{y}_1^A - \tilde{y}_1^B = \frac{S}{2\Lambda_{mol}}(\tilde{y}_1' - \tilde{y}_1''). \tag{2.27}$$

Damit folgt

$$\underset{\rightarrow}{\dot{N}}_1 = \tfrac{1}{3} A n_g \bar{w} \Lambda_{mol} \frac{\tilde{y}_1^A - \tilde{y}_1^B}{S}. \tag{2.28}$$

Analog erhält man

$$\underset{\rightarrow}{\dot{N}}_2 = \tfrac{1}{3} A n_g \bar{w} \Lambda_{mol} \frac{\tilde{y}_2^A - \tilde{y}_2^B}{S}. \tag{2.29}$$

Der Ausdruck $\bar{w}\Lambda_{mol}/3$ ist eine Stoffeigenschaft des Gasgemisches und wird **binärer** Diffusionskoeffizient $\delta_{g,12} = \delta_{g,21}$ genannt:

$$\delta_{g,12} = \delta_{g,21} = \tfrac{1}{3}\bar{w}\Lambda_{mol}. \tag{2.30}$$

Damit lauten die Gln. (2.28) und (2.29), wenn man den Differenzenquotient $\Delta\tilde{y}_1/S$ durch den Differentialquotient $\partial\tilde{y}_1/\partial s$ ersetzt:

$$\underset{\rightarrow}{\dot{N}}_1 = -A n_g \delta_{g,12} \frac{\partial \tilde{y}_1}{\partial s} \tag{2.31}$$

$$\underset{\rightarrow}{\dot{N}}_2 = -A n_g \delta_{g,21} \frac{\partial \tilde{y}_2}{\partial s}. \tag{2.32}$$

Dies sind die Grundgesetze der sog. **gewöhnlichen Diffusion**, auch **Fick'sche Diffusion**[2] (A.E. Fick, 1829–1901) oder **Stefan'sche Diffusion**[3] (J. Stefan, 1835–1893) genannt.

Die Bestimmungsgleichung (2.30) für den binären Diffusionskoeffizienten mit dem Vorfaktor 1/3 gilt für ein Gas, dessen Moleküle alle die gleiche Geschwindigkeit $\bar{w}$ haben. Tatsächlich sind die Geschwindigkeiten der Moleküle um den Mittelwert $\bar{w}$ statistisch verteilt (Maxwell-Verteilung). Eine genauere Analyse[4] dieser Vorgänge zeigt, daß sich der Zahlenwert des Vorfaktors in Gl. (2.30) zu $(3\pi/16)$ statt 1/3 ergibt.

Gleichsetzung von $\underset{\rightarrow}{\dot{N}}_j$ und $\dot{N}_j$ und ein Vergleich zwischen den Koeffizienten der Gl. (2.1) einerseits und den Gln. (2.14) und (2.15) andererseits ergibt die gesuchten Stoffübertragungskoeffizienten für den Fall der gewöhnlichen Diffusion durch eine poröse Wand ($d \gg \Lambda_{mol}$ und $S \gg \Lambda_{mol}$):

$$\begin{aligned}\beta_{g,1}^{\Theta} = \beta_{g,2}^{\Theta} &= \frac{1}{3}\bar{w}\frac{\Lambda_{mol}}{S} \\ &= \frac{\delta_{g,12}}{S} \\ &= {}_{max}\beta_g^{\Theta}\,\frac{2\Lambda_{mol}}{S}.\end{aligned} \tag{2.33}$$

Bei Raumtemperatur und Normaldruck liegen $\bar{w}$ bei ca. 500 m/s und Λ_{mol} bei 10^{-7} m. Das ergibt größenordnungsmäßig

$${}_{max}\beta_g^{\Theta} \cong 80 \text{ m/s}$$

und für die Stoffübertragung durch gewöhnliche Diffusion bei einer Membrandicke von 1 mm

$$\begin{aligned}\beta_g^{\Theta} \cong {}_{max}\beta_g^{\Theta}\,\frac{2\cdot 10^{-7}}{10^{-3}} &= 1{,}6\cdot 10^{-2} \text{ m/s} \\ &= \text{ca. } 1 \text{ cm/s}.\end{aligned}$$

Die binären Diffusionskoeffizienten liegen unter den gleichen Bedingungen in der Größenordnung von

$$\delta_{g,12} \cong 1{,}6 \cdot 10^{-5}\ \mathrm{m^2/s}$$
$$= \text{ca. } 0{,}10\ \mathrm{cm^2/s}.$$

Das Produkt $n_g \delta_g$ ist unabhängig vom Gesamtdruck und steigt mit der Wurzel aus der absoluten Temperatur. Tatsächlich ist die Temperaturabhängigkeit wegen des „weichen“ Molekülstoßes etwas stärker.

Beispiel 2.1

In die in der Skizze schematisch dargestellte Versuchsanordnung zur Diffusion von Gasen im Knudsen-Bereich (d.h. freie Weglänge der Gasmoleküle > Porenweite der

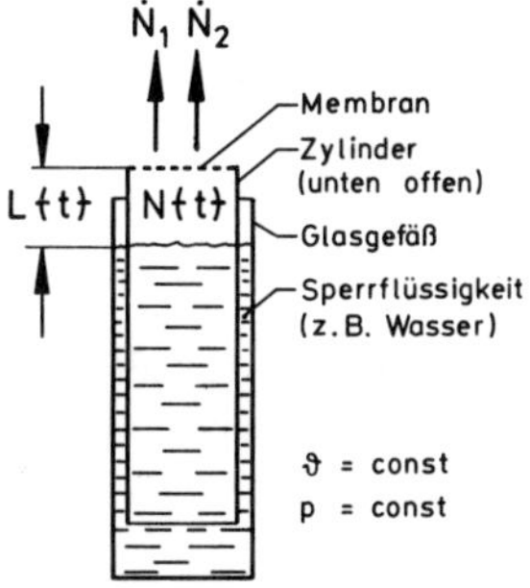

Membran) wird zu Beginn des Versuches die Stoffmenge $N_0 = N_{1,0}$ eines reinen Gases (Index 1) in den Raum zwischen Membran und Sperrflüssigkeit eingefüllt. Außerhalb der Membran befindet sich Raumluft (Index 2) bei $p = 1$ bar, $\vartheta = 25\,°\mathrm{C}$ und $\tilde{y}_{1,\infty} = 0$. Wie wird sich die Stoffmenge N und ihre Zusammensetzung $\tilde{y}_1$ mit der Zeit t ändern?

Gegebene Daten

Komponente 1: Schwefelhexafluorid SF_6
Molmasse $\tilde{M}_1 = 146$ g/mol
Moleküldurchmesser $\sigma_1 = 5{,}13 \cdot 10^{-10}$ m

Komponente 2: Luft (näherungsweise als eine Komponente zu behandeln)
Molmasse $\tilde{M}_2 = 29$ g/mol
Moleküldurchmesser $\sigma_2 = 3{,}71 \cdot 10^{-10}$ m

Membran Porenweite $\bar{d}_p = 80 \cdot 10^{-10}$ m.

Anteil der freien Porenfläche (A) am Gesamtquerschnitt (f):

$\varphi = A/f = 0{,}10$

Dicke der Membran ($\cong$ Länge der Poren):

$S \cong 100\ \mu\mathrm{m}$

Für die Stoffübergangskoeffizienten β_j gilt in diesem Fall:

$$\beta_j = \left(\frac{4}{3}\frac{d}{S}\right)\frac{1}{6}\bar{w}_j$$

Gesamtdruck: $p = 1$ bar
Temperatur: $\vartheta = 25\,°\mathrm{C}$.

Die Gasräume oberhalb und unterhalb der Membran seien ideal durchmischt, kein zusätzlicher Transportwiderstand außerhalb der Membran.

Die Füllhöhe: $L(t=0) = L_0$ beträgt $L_0 = 33{,}3$ mm.

Lösung:

$$\dot{N}_1 + \dot{N}_2 + \frac{\mathrm{d}N}{\mathrm{d}t} = 0$$

$$\dot{N}_1 + \frac{\mathrm{d}(N\tilde{y}_1)}{\mathrm{d}t} = 0$$

$$\dot{N}_1 = A n_g \beta_{g,1}(\tilde{y}_1 - \tilde{y}_{1,\infty})$$

$$\dot{N}_2 = A n_g \beta_{g,2}(\tilde{y}_2 - \tilde{y}_{2,\infty}).$$

Mit $\tau = \frac{L_0}{\varphi \beta_1} t$, $x = N/N_0 = L/L_0$, $x_\infty = \sqrt{\tilde{M}_1/\tilde{M}_2}$ ergibt sich der gesuchte Zusammenhang

$$\tau = 1 - x + x_\infty \cdot \ln(1 - x_\infty)/(x - x_\infty).$$

Es sind $\varphi \beta_1 / L_0 = 1$ min und $x_\infty = 2{,}244$.

(Bei einer genaueren Analyse dieses Diffusionsvorganges muß berücksichtigt werden, daß auch beiderseits der Membran Stoffübergangswiderstände auftreten und das durch das Eigengewicht des schwimmenden Zylinders der Innendruck größer als der Außendruck ist.)

Beispiel 2.2

Wie groß ist der maximale Trennfaktor $_{\max}\alpha_T$ einer Knudsenschen Diffusionszelle zur Trennung der Isotopen $U^{238}F_6$ und $U^{235}F_6$? Die Gasräume zu beiden Seiten der Membran seien ideal durchmischt, Stoffübergangswiderstände zu beiden Seiten der Membran seien vernachlässigbar und der Saugdruck p_S sei viel kleiner als der Kammerdruck p_K. Der Trennfaktor ist definiert durch

$$\alpha_T \equiv \frac{\tilde{y}_{1,S}/\tilde{y}_{2,S}}{\tilde{y}_{1,\mathrm{aus}}/\tilde{y}_{2,\mathrm{aus}}},$$

wobei der Index 1 das leichtere Uran-Isotop bezeichnet.

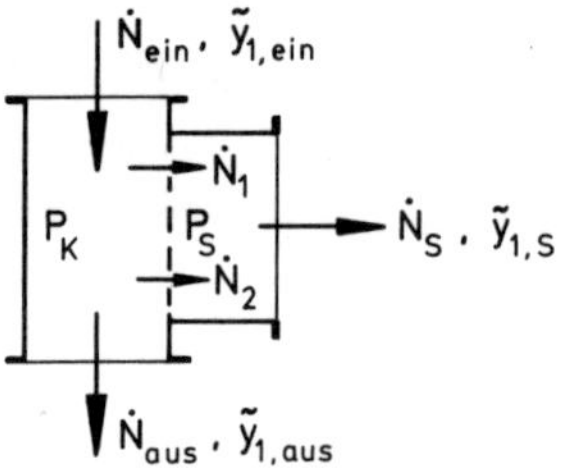

Lösung:

$$\dot{N}_1 = A \tfrac{1}{6} \bar{w}_1 (n_g^K \tilde{y}_{1,\mathrm{aus}} - n_g^S \tilde{y}_{1,S})$$

$$\dot{N}_2 = A \tfrac{1}{6} \bar{w}_2 (n_g^K \tilde{y}_{2,\mathrm{aus}} - n_g^S \tilde{y}_{2,S})$$

$$n_g^S \ll n_g^K$$

$$\frac{\dot N_1}{\dot N_2} = \frac{\tilde y_{1,s}}{\tilde y_{2,s}}$$

$$\frac{\dot N_1}{\dot N_2} = \frac{\bar w_1}{\bar w_2}\frac{\tilde y_{1,\text{aus}}}{\tilde y_{2,\text{aus}}}$$

$$\alpha_T = \sqrt{\frac{\tilde M_2}{\tilde M_1}} = 1{,}00429.$$

Beispiel 2.3

Welche Temperatur nimmt eine kleine Eiskugel an, die aus einem Raumschiff in Erdnähe in den Weltraum ausgestoßen wird? Die Energiedichte der Sonnenstrahlung betrage in dieser Region $\dot q_0 = 1000\ \text{W/m}^2$. Die Temperatur in der Eiskugel sei stets ausgeglichen.

Lösung:

Die Eiskugel verdampft beim Gegendruck null mit der Geschwindigkeit

$$\dot m = \tfrac{1}{4}\,\varrho_g \bar w.$$

Hieraus folgt mit $\bar w = \sqrt{\frac{8}{\pi}\frac{\tilde R T}{\tilde M}}$ und $\varrho_g = \frac{\tilde M p^*}{\tilde R T}$:

$$\dot m = \frac{p^*}{\sqrt{2\pi \tilde R T/\tilde M}}.$$

Der Dampfdruck p^* folgt aus der Clausius-Clapeyron'schen Gleichung:

$$\frac{p^*}{p_0^*} = \exp\left[-\frac{\Delta h_v^0}{R}\left(\frac{1}{T} - \frac{1}{T_0}\right)\right].$$

Der Wärmeverbrauch ergibt sich zu

$$\dot q_{ab} = \dot m\,\Delta h_v + C_s \varepsilon T^4.$$

Näherungsweise kann man $\Delta h_v = \Delta h_v^0$ und $\varepsilon = 1$ setzen.

Die zugeführte Wärme bezogen auf die gesamte Kugeloberfläche beträgt $\dot q_{zu} = 1/4\,\dot q_0 = 0{,}25\ \text{kW/m}^2$, da die Kugel nur mit ihrer Projektionsfläche absorbiert. Aus der Bedingung $\dot q_{zu} = \dot q_{ab}$ folgt mit den Stoffwerten

$$\Delta h_v^0 = 2835\ \text{kJ/kg},\quad p_0^* = 610\ \text{Pa},\quad T_0 = 273\ \text{K},\quad \tilde M = 18\ \text{kg/kmol}$$
$$C_s = 5{,}6703 \cdot 10^{-8}\ \text{W/m}^2\,\text{K}^4 \quad\text{und}\quad \varrho_s = 917\ \text{kg/m}^3,$$

die Beharrungstemperatur der Eiskugel zu

$$T = 192\ \text{K} = -81\ ^\circ\text{C}.$$

Zusatzfrage

Wie lange würde es dauern, bis eine Eiskugel von 5 mm Durchmesser vollständig verdampft wäre?

Lösung:

$$(\dot q_{zu} - C_s \varepsilon T^4)A = -\varrho_s A\,\Delta h_v \frac{dR}{dt};\qquad t = 10{,}44\ \text{h}.$$

Beispiel 2.4

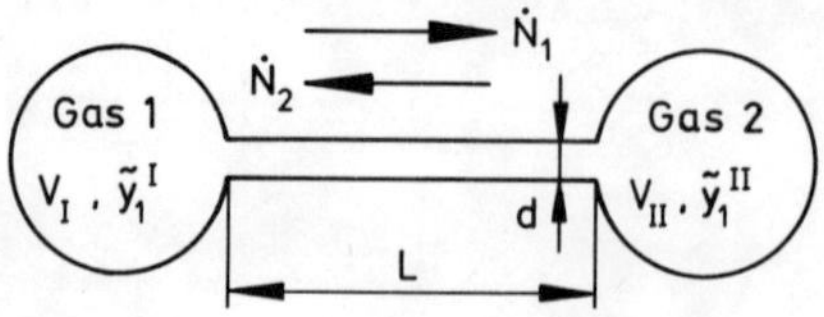

Zwei Behälter von $V_I = 2\,l$ und $V_{II} = 1\,l$ Inhalt sind durch ein Kapillarrohr von $d = 1$ mm Durchmesser und $L = 1$ m Länge miteinander verbunden. Der eine Behälter ist mit Stickstoff (Gas 1), der andere mit Wasserstoff (Gas 2) gefüllt. Nach welcher Zeit haben sich die Konzentrationen in beiden Behältern ausgeglichen? Der Druck in beiden Behältern sei stets 1 bar. Beide Behälter seien stets ideal durchmischt, Stoffübergangswiderstände an den Kapillarmündungen können vernachlässigt werden, ebenso die im Kapillarrohr gespeicherten Gasmengen.

Lösung:

$$\frac{\tilde{y}_1^I - \tilde{y}_1^{II}}{(\tilde{y}_1^I - \tilde{y}_1^{II})_{t=0}} = e^{-\tau}$$

worin $\tau = t/t_R$ mit $t_R = \dfrac{4L}{\delta_g \pi d^2} \dfrac{V_I \cdot V_{II}}{V_I + V_{II}}$ ist.

Mit $\delta_{g,12} = \delta_{g,21} = \delta_g = 0{,}8 \cdot 10^{-4}\ \mathrm{m^2/s}$ wird $t_R = 10{,}6 \cdot 10^6$ s. Für $\tau = 3$ folgt $t = 31{,}8 \cdot 10^6$ s, d. h. etwa ein Jahr!

2.3 Einfluß halbdurchlässiger Begrenzungswände auf die gewöhnliche binäre Diffusion

2.3.1 Isotherme Verdunstung

Wir betrachten die isotherme Verdunstung von Wasser (Stoff 1) aus einem Reagenzglas in Luft (Stoff 2), s. Abb. 2.4, unter stationären Bedingungen.

Das Glas sei oben mit einem Sieb abgedeckt, so daß Konvektionsströmungen der Luft in der eingeschlossenen Luftsäule verhindert werden. Über das Sieb streichende Luft hält den Wasserdampfmolenbruch an dieser Stelle ständig auf $\tilde{y}_{1,S}$. An der Wasseroberfläche sei die Luft gesättigt, d. h. $\tilde{y}_{1,Ph} = \tilde{y}_1^*(\vartheta_l)$. Die durch das verdunstende Wasser ver-

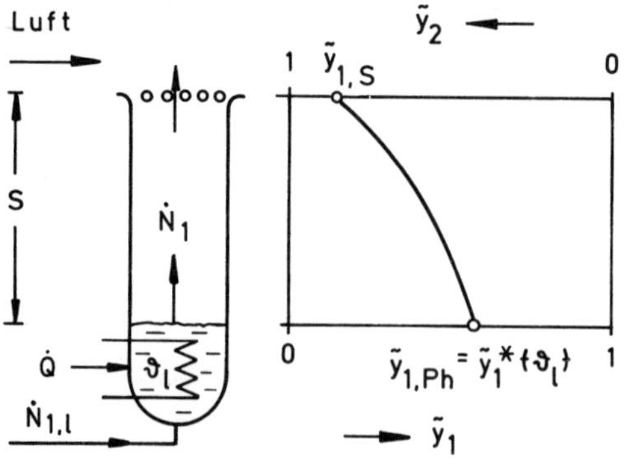

Abb. 2.4 Isotherme Verdunstung von Wasser aus einem Reagenzglas

brauchte Wärme $\dot{Q}$ werde durch eine Heizung ständig nachgeliefert, so daß der gesamte Vorgang isotherm abläuft. Das verdunstete Wasser wird ständig von unten nachgeliefert, so daß der Flüssigkeitsspiegel nicht absinkt. Die Frage lautet, wie groß ist der Verdunstungsstrom $\dot{N}_1$ des Wassers?

Die einfache Anwendung der Gln. (2.31) und (2.32) würde auf einen Widerspruch führen, da einerseits wegen $\tilde{y}_1 + \tilde{y}_2 = 1$ die Summe der Diffusionsströme $\underset{\rightarrow}{\dot{N}}_1$ und $\underset{\rightarrow}{\dot{N}}_2$ gleich Null, also $\underset{\rightarrow}{\dot{N}}_1 = -\underset{\rightarrow}{\dot{N}}_2$ sein muß, andererseits aber auch wegen der Undurchlässigkeit der Wasseroberfläche für Luft der Diffusionsstrom der Luft $\underset{\rightarrow}{\dot{N}}_2$ ebenfalls verschwinden muß, woraus wiederum folgen würde, daß auch der Diffusionsstrom des Wassers $\underset{\rightarrow}{\dot{N}}_1$ Null sein müßte, was nicht sein kann, solange $\tilde{y}_{1,s} \neq \tilde{y}_{1,\mathrm{Ph}}$ ist. Dieser Widerspruch löst sich auf, wenn man bedenkt, daß dem Reagenzglas ständig Masse unten zugeführt und oben entnommen wird. Demnach sind die **Diffusionsbewegungen** im Reagenzglas von einer **Strömung** überlagert. Die resultierenden Teilströme der beiden Spezies ergeben sich dann zu

$$\dot{N}_1 = \underset{\rightarrow}{\dot{N}}_1 + \dot{N}\tilde{y}_1, \tag{2.34}$$

$$\dot{N}_2 = \underset{\rightarrow}{\dot{N}}_2 + \dot{N}\tilde{y}_2. \tag{2.35}$$

Aus diesen Gleichungen folgt, daß wegen $\underset{\rightarrow}{\dot{N}}_1 + \underset{\rightarrow}{\dot{N}}_2 = 0$ die Summe der Teilströme gleich dem Gesamtstrom sein muß

$$\dot{N}_1 + \dot{N}_2 = \dot{N}. \tag{2.36}$$

Im vorliegenden Fall ist nun wegen der Undurchlässigkeit der Wasseroberfläche für die Luft

$$\dot{N}_2 = 0. \tag{2.37}$$

Hieraus folgt, daß die Schleppwirkung des Gesamtstromes $\dot{N}\tilde{y}_2$ den (wegen $\partial\tilde{y}_2/\partial s \neq 0$ stets vorhandenen) Diffusionsstrom $\underset{\rightarrow}{\dot{N}}_2$ gerade kompensiert: $0 = \underset{\rightarrow}{\dot{N}}_2 + \dot{N}\tilde{y}_2$, so daß die Luftmoleküle insgesamt keine Relativbewegung senkrecht zur Wasseroberfläche ausführen. Des weiteren ergibt sich aus Gl. (2.36), daß der Gesamtstrom $\dot{N}$ gleich dem Teilstrom des Wasserdampfes $\dot{N}_1$ ist. Aus Gl. (2.34) folgt dann

$$\dot{N}_1(1 - \tilde{y}_1) = \underset{\rightarrow}{\dot{N}}_1$$

und mit Gl. (2.31)

$$\dot{N}_1(1 - \tilde{y}_1) = -A n_\mathrm{g} \delta_{\mathrm{g},12} \frac{\mathrm{d}\tilde{y}_1}{\mathrm{d}s} \tag{2.39}$$

oder

$$\dot{N}_1 = A n_\mathrm{g} \delta_{\mathrm{g},12} \frac{\mathrm{d}\ln(1 - \tilde{y}_1)}{\mathrm{d}s}. \tag{2.40}$$

Trennung der Variablen und Integration liefert hieraus schließlich

$$\dot{N}_1 = A n_\mathrm{g} \frac{\delta_{\mathrm{g},12}}{S} \ln\left[\frac{1 - \tilde{y}_{1,\mathrm{s}}}{1 - \tilde{y}_1^*(\vartheta_l)}\right]. \tag{2.41}$$

Ein Vergleich zwischen den Koeffizienten der Gl. (2.41) und der Gl. (2.1) ergibt für den gesuchten Stoffübertragungskoeffizienten in diesem Fall

$$\beta_{\mathrm{g},1}^{\Theta} = \frac{\delta_{\mathrm{g},12}}{S} \cdot \frac{\ln\left[\dfrac{1 - \tilde{y}_{1,\mathrm{s}}}{1 - \tilde{y}_1^*(\vartheta_l)}\right]}{\tilde{y}_1^*(\vartheta_l) - \tilde{y}_{1,\mathrm{s}}}. \tag{2.42}$$

Man erkennt, daß der nach Gl. (2.1) definierte Stoffübertragungskoeffizient $\beta^{\theta}_{g,1}$ konzentrationsabhängig ist. Dies läßt sich vermeiden, wenn man den Stoffübergangskoeffizienten mit dem treibenden Konzentrationsgefälle nach Gl. (2.41) definiert:

$$\dot{N}_1 = A n_g \beta_{g,1} \ln\left[\frac{1-\tilde{y}_{1,s}}{1-\tilde{y}_1^*(\vartheta_l)}\right]. \tag{2.43}$$

Dann ergibt sich

$$\beta_{g,1} = \frac{\delta_{g,12}}{S} \tag{2.44}$$

genau wie bei der äquimolaren Diffusion nach Gl. (2.33). Für sehr kleine Molenbrüche des Wasserdampfes in der Luft, also $\tilde{y}_{1,s} < y_1^*(\vartheta_l) \ll 1$, geht Gl. (2.43) über in

$$\lim_{y_1 \to 0} \dot{N}_1 = A n_g \beta_{g,1} [\tilde{y}_1^*(\vartheta_l) - \tilde{y}_{1,s}], \tag{2.45}$$

d. h. es wird $\beta_{g,1} = \beta^0_{g,1}$.

Im Kap. 1 wurde der kinetische Ansatz nicht mit dem Unterschied der Wasserdampfmolenbrüche $\tilde{y}_1$, sondern mit dem Unterschied der Wasserdampfmassenbeladungen Y_1 formuliert. Formt man die Gl. (2.43) entsprechend um, so erhält man

$$\dot{M}_1 = A \varrho_{g,2} \beta_{g,1} \frac{\tilde{M}_1}{\tilde{M}_2} \ln \frac{\left[1 + \frac{\tilde{M}_2}{\tilde{M}_1} Y_1^*(\vartheta_l)\right]}{\left(1 + \frac{\tilde{M}_2}{\tilde{M}_1} Y_{1,s}\right)}. \tag{2.46}$$

Hierin ist $\varrho_{g,2} = \tilde{M}_2 n_g = p/R_2 T$ die Dichte der trockenen Luft beim Gesamtdruck p! Schreibt man den kinetischen Ansatz mit $\beta^0_{g,1}$ wie im Kap. 1

$$\dot{M}_1 = A \varrho_{g,2} \beta^0_{g,1} [Y_1^*(\vartheta_l) - Y_{1,s}], \tag{2.47}$$

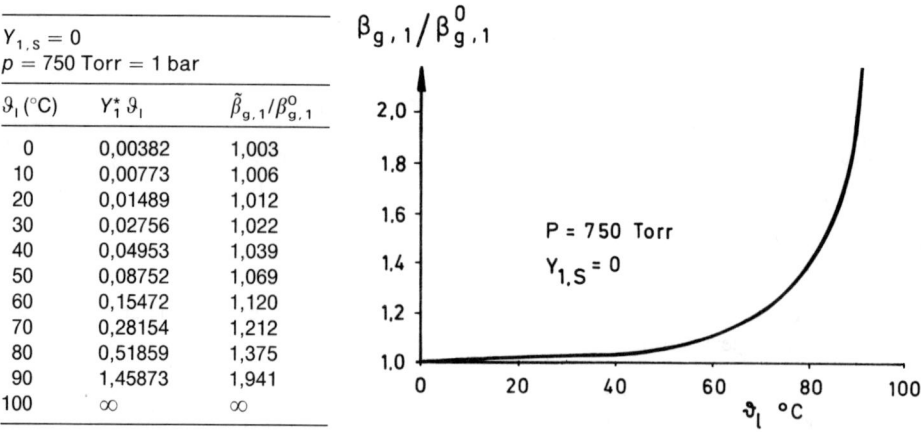

$Y_{1,s} = 0$
$p = 750$ Torr $= 1$ bar

ϑ_l (°C)	$Y_1^* \vartheta_l$	$\tilde{\beta}_{g,1}/\beta^0_{g,1}$
0	0,00382	1,003
10	0,00773	1,006
20	0,01489	1,012
30	0,02756	1,022
40	0,04953	1,039
50	0,08752	1,069
60	0,15472	1,120
70	0,28154	1,212
80	0,51859	1,375
90	1,45873	1,941
100	∞	∞

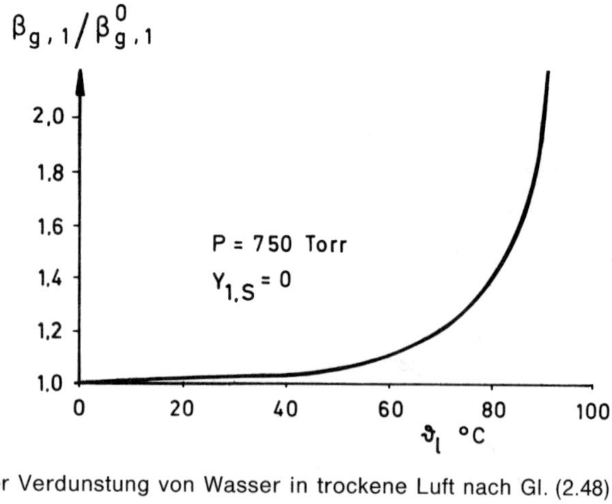

Abb. 2.5 Verhältnis $\beta_{g,1}/\beta^0_{g,1}$ bei der Verdunstung von Wasser in trockene Luft nach Gl. (2.48)

so ist $\beta^0_{g,1}$ aus $\beta_{g,1}$ nach der Korrekturgleichung

$$\beta^0_{g,1} = \beta_{g,1} \frac{\ln \dfrac{\left(1 + \dfrac{\tilde{M}_2}{\tilde{M}_1} Y_1^*\right)}{\left(1 + \dfrac{\tilde{M}_2}{\tilde{M}_1} Y_{1,s}\right)}}{\dfrac{\tilde{M}_2}{\tilde{M}_1}(Y_1^* - Y_{1,s})} \tag{2.48}$$

zu berechnen. Für $Y_1^* \to 0$ geht $\beta^0_{g,1} \to \beta_{g,1}$. Ansonsten ist immer $\beta_{g,1} > \beta^0_{g,1}$.

Man erkennt anhand der Abb. 2.5, daß der einfache kinetische Ansatz nach Gl. (2.47) bis zu Wassertemperaturen von ca. 50 °C für technische Zwecke sicher ausreichend ist.

2.3.2 Adiabatische Verdunstung

Nachdem wir gesehen haben, daß als Folge der halbdurchlässigen Begrenzungswand, wie sie die Wasseroberfläche darstellt, der Stoffübergangskoeffizient $\beta^0_{g,1}$ konzentrationsabhängig wird, erhebt sich die Frage, ob nicht auch der Wärmeübergangskoeffizient α^0 nach Gl. (1.12) unter diesen Bedingungen konzentrationsabhängig wird. Schließlich muß die zur Verdunstung erforderliche Wärme von der Oberkante des Reagenzglases an die Wasseroberfläche durch die Gassäule entgegen dem Gesamtstrom $\dot{N}_1$ geleitet werden, s. Abb. 2.6.

Der Wärmestrom, der an der Wasseroberfläche im thermischen Beharrungszustand zur Verdunstung des Wassers zur Verfügung steht, ist

$$\dot{Q}_{Ph} = -\lambda_g \left(\frac{d\vartheta_g}{ds}\right)_{Ph} \cdot A, \tag{2.49}$$

$$\dot{Q}_{Ph} + \dot{M}_1 \Delta h_{Ph} = 0. \tag{2.50}$$

Da sowohl $(d\vartheta_g/ds)_{Ph}$ als auch ϑ_l und damit $Y_1^*\{\vartheta_l\}$ zunächst unbekannt sind, muß im ersten Schritt das Temperaturfeld $\vartheta_g = \vartheta_g\{s\}$ ermittelt werden. Hierzu dienen die Energiebilanz um das Bilanzvolumen $A\,ds$

$$\dot{Q}_{s+ds} + \dot{H}_s = \dot{Q}_{s+ds} + \dot{H}_{s+ds}, \tag{2.51}$$

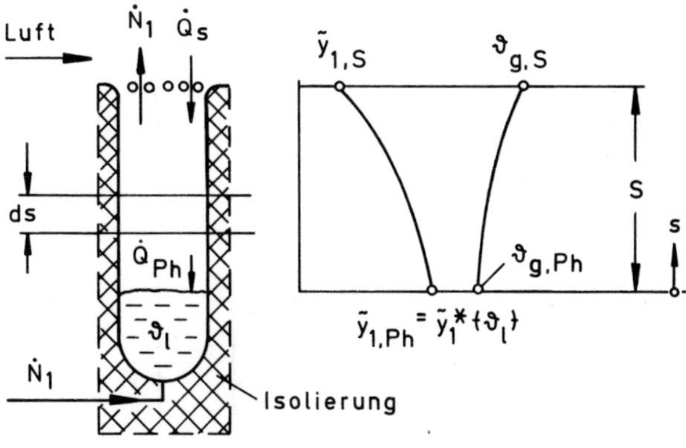

Abb. 2.6 Adiabatische Verdunstung von Wasser aus einem Reagenzglas

und der kinetische Ansatz für die Wärmeleitung

$$\dot{Q} = -A\lambda_g \frac{d\vartheta_g}{ds}. \tag{2.52}$$

Hieraus erhält man die Bestimmungsgleichung für die gesuchte Funktion $\vartheta_g(s)$:

$$A\lambda_g \frac{d^2\vartheta_g}{ds^2} - \dot{M}_1 c_{p1,g} \frac{d\vartheta_g}{ds} = 0. \tag{2.53}$$

Aus dem Ansatz $\frac{d\vartheta_g}{ds} = K \exp\left(\frac{\dot{M}_1 c_{p1,g}}{\lambda_g A} s\right)$, der die Gl. (2.53) erfüllt, folgt

$$\dot{Q}_S = \dot{Q}_{Ph} \exp\left(\frac{\dot{M}_1 c_{p1,g} S}{\lambda_g A}\right). \tag{2.54}$$

Außerdem ergibt die Energiebilanz um die ganze eingeschlossene Gassäule

$$\dot{Q}_S + \dot{M}_1 c_{p1,g} \vartheta_{g,Ph} = \dot{Q}_{Ph} + \dot{M}_1 c_{p1,g} \vartheta_{g,S}. \tag{2.55}$$

Aus diesen beiden Gleichungen folgt

$$\dot{Q}_{Ph} = A \frac{\lambda_g}{S} (\vartheta_{g,S} - \vartheta_{g,Ph}) \frac{\frac{\dot{M}_1 c_{p1,g} S}{\lambda_g A}}{\exp\left(\frac{\dot{M}_1 c_{p1,g} S}{\lambda_g A}\right) - 1}, \tag{2.56}$$

oder mit $\lambda_g/S = \alpha_g$ und der Abkürzung

$$\Phi = \frac{\frac{\dot{M}_1 c_{p1,g}}{\alpha_g A}}{\exp\left[\frac{\dot{M}_1 c_{p1,g}}{\alpha_g A}\right] - 1}, \tag{2.57}$$

$$\dot{Q}_{Ph} = A\alpha_g(\vartheta_{g,s} - \vartheta_{g,Ph})\,\Phi. \tag{2.58}$$

Φ nennt man auch den **Ackermann'schen Korrekturfaktor** (G. Ackermann, 1900–1976). Definiert man den Wärmeübertragungskoeffizienten gemäß Gl. (1.44)

$$\dot{Q}_{Ph} = A\alpha_g^0(\vartheta_{g,s} - \vartheta_{g,Ph}),$$

so folgt

$$\frac{\alpha_g^0}{\alpha_g} = \Phi. \tag{2.59}$$

Die adiabatische Beharrungstemperatur des Wassers für diesen Fall erhält man mit Hilfe der Gln. (2.56), (2.50) und (2.46) und der Abkürzung

$$\frac{\tilde{M}_1 n_g c_{p1,g} \beta_{g,1}}{\alpha_g} = \frac{n_g \tilde{c}_{p1,g} \beta_{g,1}}{\alpha_g} = \mu \tag{2.60}$$

zu

$$\vartheta_{g,S} - \vartheta_l = \frac{\Delta h_{Ph}}{c_{p1,g}} \left\{ \left[\frac{1 + \frac{\tilde{M}_2}{\tilde{M}_1} Y_1^*(\vartheta_l)}{1 + \frac{\tilde{M}_2}{\tilde{M}_1} Y_{1,S}} \right]^{\mu} - 1 \right\}. \tag{2.61}$$

Für kleine Wasserdampfbeladungen, also $Y_1 \to 0$ folgt aus Gl. (2.61)

$$\alpha_g(\vartheta_{g,s} - \vartheta_l) = \varrho_{g,2}\beta_{g,1}[Y_1^*(\vartheta_l) - Y_{1,s}]\,\Delta h_{Ph}. \tag{2.62}$$

Da bei kleinen Y_1^* auch $\alpha_g \to \alpha_g^0$ und $\beta_{g,1} \to \beta_{g,1}^0$ gehen, ist Gl. (2.62) identisch mit Gl. (1.55). Im Falle des Reagenzglasversuches ist

$$\frac{\alpha_g}{\beta_{g,1}} = n_g \tilde{c}_{pg} Le$$

Ist die Flüssigkeitsoberfläche unmittelbar überströmt, gilt

$$\frac{\alpha_g}{\beta_{g,1}} = n_g \tilde{c}_{pg} Le^{2/3}, \text{ s. Gl. (1.60).}$$

In diesem Falle folgt für den Exponenten μ in Gl. (2.60)

$$\mu = \frac{\tilde{c}_{p1,g}}{\tilde{c}_{pg}} Le^{-2/3}. \tag{2.63}$$

2.3.3 Verdunstung mit Wärmezufuhr

Durch Wärmezufuhr an das verdunstende Wasser kann dessen Temperatur auf jeden Wert zwischen der adiabatischen Beharrungstemperatur und der Siedetemperatur eingestellt werden.

Entsprechend kann man durch Wärmeabfuhr auch Wassertemperaturen erreichen, die unterhalb der adiabatischen Beharrungstemperatur liegen. In diesem Fall würde Wasserdampf an der Wasseroberfläche auskondensieren.

Wir beginnen die Analyse dieses Vorganges mit der Formulierung des Energiesatzes für den stationären Zustand. Legt man den Bilanzraum um die Flüssigphase, so folgt

$$\dot{H}_{1,ein,l} + \dot{Q} = \dot{H}_{1,Ph,g} + \dot{Q}_{Ph}. \tag{2.64}$$

Die Energiebilanz um die Gasphase lautet:

$$\dot{Q}_{Ph} + \dot{H}_{1,Ph,g} = \dot{Q}_s + \dot{H}_{1,s,g}. \tag{2.65}$$

Mit

$$\dot{H}_{1,Ph,g} - \dot{H}_{1,Ph,l} = \dot{N}_1\,\Delta\tilde{h}_{Ph} \tag{2.66}$$

folgt aus Gl. (2.64)

$$\dot{Q} = [\tilde{c}_{p1,l}(\vartheta_l - \vartheta_{l,ein}) + \Delta\tilde{h}_{Ph}]\,\dot{N}_1 + \dot{Q}_{Ph}. \tag{2.67}$$

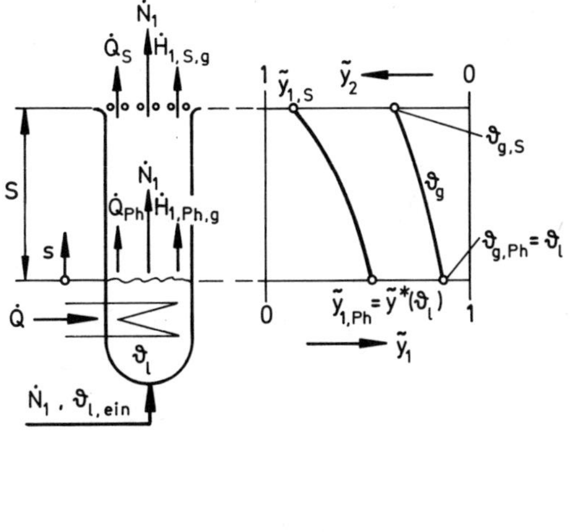

Abb. 2.7 Verdunstung mit Wärmezufuhr

Für $\dot{Q} = 0$ und $\vartheta_{l,\mathrm{ein}} = \vartheta_l$ folgt hieraus die Energiebilanz für die adiabatische Verdunstung, Gl. (2.50).

Aus Gl. (2.65) folgt

$$\dot{Q}_{\mathrm{Ph}} - \dot{Q}_{\mathrm{s}} = c_{\mathrm{p1,g}}(\vartheta_{\mathrm{g,s}} - \vartheta_{\mathrm{g,Ph}})\,\dot{M}_1 . \tag{2.68}$$

Im zweiten Schritt formulieren wir die kinetischen Ansätze:

$$\dot{M}_1 = \varrho_{\mathrm{g,2}}\,\beta^0_{\mathrm{g,1}}\,A_{\mathrm{Ph}}(Y_{1,\mathrm{Ph}} - Y_{1,\mathrm{s}}), \tag{2.69}$$

$$\dot{Q}_{\mathrm{Ph}} = \alpha^0_{\mathrm{g}}\,A_{\mathrm{Ph}}(\vartheta_{\mathrm{g,Ph}} - \vartheta_{\mathrm{g,s}}). \tag{2.70}$$

Schließlich sei angenommen, daß an der Phasengrenze Gleichgewicht herrsche:

$$\vartheta_{\mathrm{g,Ph}} = \vartheta_l \quad \text{und} \quad Y_{1,\mathrm{Ph}} = Y^*_{1,\mathrm{Ph}}(\vartheta_l)\,. \tag{2.71}$$

Mit der Definition der Enthalpie h der feuchten Luft nach den Gln. (1.40) und (1.56), die die Temperaturabhängigkeit der Verdampfungsenthalpie beschreibt sowie der Abkürzung

$$\psi = \frac{\alpha^0_{\mathrm{g}}}{\varrho_{\mathrm{g,2}}\,\beta^0_{\mathrm{g,1}}(c_{\mathrm{p2}} + Y_{1,\mathrm{s}}c_{\mathrm{p1,g}})} \tag{2.72}$$

folgt aus den Gln. (2.67); (2.69) und (2.70) sowie (2.59)

$$\dot{Q} = \alpha_{\mathrm{g}} A_{\mathrm{Ph}} \frac{\Phi}{\psi}\left[\frac{(h^*_{\mathrm{Ph}} - h_{\mathrm{s}}) - c_{\mathrm{p1},l}\,\vartheta_{l,\mathrm{ein}}(Y^*_{1,\mathrm{Ph}} - Y_{1,\mathrm{s}})}{(c_{\mathrm{p2}} + Y_{1,\mathrm{s}}c_{\mathrm{p1,g}})\,(\vartheta_l - \vartheta_{\mathrm{g,s}})} + (\psi - 1)\right](\vartheta_l - \vartheta_{\mathrm{g,s}}). \tag{2.73}$$

In der Praxis wird α_{g} auch der „trockene" Wärmeübergangskoeffizient genannt und der Ausdruck

$$\alpha_{\mathrm{g}}\frac{\Phi}{\psi}\left[\frac{(h^*_{\mathrm{Ph}} - h_{\mathrm{s}}) - c_{\mathrm{p1},l}\,\vartheta_{l,\mathrm{ein}}(Y^*_{1,\mathrm{Ph}} - Y_{1,\mathrm{s}})}{(c_{\mathrm{p2}} + Y_{1,\mathrm{s}}c_{\mathrm{p1,g}})\,(\vartheta_l - \vartheta_{\mathrm{g,s}})} + (\psi - 1)\right] = \alpha_{\mathrm{g,feucht}} \tag{2.74}$$

als „feuchter" Wärmeübergangskoeffizient bezeichnet

$$\dot{Q} = \alpha_{\mathrm{g,feucht}}\,A_{\mathrm{Ph}}(\vartheta_l - \vartheta_{\mathrm{g,s}}). \tag{2.75}$$

Falls die Lewis-Zahl Le gleich eins ist und die Luftfeuchten Y_1 niedrig sind, sind ψ und Φ praktisch gleich eins. Dann ist, wenn man auch noch die Enthalpie des flüssigen Zulaufes vernachlässigt:

$$\alpha_{\mathrm{g,feucht}} \cong \alpha_{\mathrm{g}}\frac{\Delta h_{\mathrm{gesamt}}}{\Delta h_{\mathrm{trocken}}}. \tag{2.76}$$

Diese Beziehung ist für Abschätzungszwecke recht brauchbar. Für eine genauere Rechnung müssen die Parameter φ und ψ mit Hilfe der Gln. (2.57) und (2.48) bestimmt werden. Danach ist

$$\Phi = \frac{m}{e^{\mathrm{m}} - 1}, \tag{2.77}$$

worin $m = \dot{M}_1\,c_{\mathrm{p1,g}}/\alpha_{\mathrm{g}} A$ ist. Dieser Ausdruck läßt sich mit Hilfe der Gln. (2.63) und (2.48) umformen in

$$m = \mu \ln \frac{1 + \dfrac{\tilde{M}_2}{\tilde{M}_1}\,Y^*_{1,\mathrm{Ph}}}{1 + \dfrac{\tilde{M}_2}{\tilde{M}_1}\,Y_{1,\mathrm{s}}}, \tag{2.78}$$

worin

$$\mu = \frac{n_g \tilde{c}_{p1,g} \beta_{g,1}}{\alpha_g} \tag{2.79}$$

ist, s. Gl. (2.60). Für den Parameter ψ ergibt sich

$$\psi = \frac{c_{p1,g}}{c_{p2} + Y_{1,s} c_{p1,g}} \cdot \frac{Y^*_{1,Ph} - Y_{1,s}}{\left[\dfrac{1 + \dfrac{\tilde{M}_2}{\tilde{M}_1} Y^*_{1,Ph}}{1 + \dfrac{\tilde{M}_2}{\tilde{M}_1} Y_{1,s}}\right]^{\mu} - 1}. \tag{2.80}$$

Nach Gl. (2.63) hat der Parameter

$$\mu = \frac{\tilde{c}_{p1,g}}{\tilde{c}_{pg}} Le^{(n-1)}$$

für Wasserdampf-Luftgemische etwa den Zahlenwert von 1,3 weitgehend unabhängig von Temperatur und Konzentration.

Gl. (2.73) ist eine Bestimmungsgleichung für die zu- oder abzuführende Wärme $\dot{Q}$, falls $\vartheta_{l,ein}$, $\vartheta_{g,s}$ und $Y_{1,s}$ gegeben sind. Ist

$$\frac{\dot{Q}}{\alpha_g A_{Ph}(\vartheta_l - \vartheta_{g,s})} = \frac{\alpha_{g,feucht}}{\alpha_g}$$

gleich Null, so liegt der adiabatische Fall vor. Ist $\vartheta_{l,ein} = \vartheta_l$, so hat die Flüssigkeit die adiabatische Beharrungstemperatur, s. Gl. (2.61).

Ist $\alpha_{g,feucht}/\alpha_g > 0$, so wird $\dot{Q} < 0$; d.h., es muß Wärme abgeführt werden. Für $\alpha_{g,feucht}/\alpha_g = 1$ findet keine Verdunstung statt; d.h., es ist $Y^*_{1,Ph} = Y_{1,s}$. Ist $\alpha_{g,feucht}/\alpha_g < 0$, so wird $\dot{Q} > 0$; d.h., es muß Wärme zugeführt werden.

Beispiel 2.5

System Wasser(1)/Luft(2) bei $p = 1$ bar, s. auch Mollier-Diagramm. Der Dampfdruck des Wassers läßt sich durch die Antoine-Gleichung

$$\ln p^*(\text{bar}) = A - \frac{B}{C + \vartheta(°\text{C})}$$

mit den Konstanten $A = 12{,}031$; $B = 4026{,}42$ und $C = 235{,}00$ wiedergeben. Die weiteren Daten sind $\Delta h^0_{Ph} = 2{,}501 \cdot 10^6$ J/kg; $c_{p1,l} = 4180$ J/kg K, $c_{p1,g} = 1907$ J/kg K; $c_{p2} = 1001$ J/kg K sowie $\mu = 1{,}30$.

Mit diesen Zahlenwerten errechnet man z.B. für $\vartheta_{g,s} = 50$ °C und 10% rel. Feuchte bei $\vartheta_l = \vartheta_{l,ein} = 23$ °C den Wert $\alpha_{g,feucht}/\alpha_g = -0{,}0025 \cong 0$. Dieser Wert stimmt gut mit demjenigen überein, den man auch aus dem Mollier-Diagramm für die adiabatische Sättigungstemperatur ablesen kann (23,8 °C).

Setzt man $\vartheta_l = \vartheta_{l,ein} = 10$ °C, so erhält man $\alpha_{g,feucht}/\alpha_g = 1{,}0021$; d.h., es findet keine Verdunstung statt, das Wasser hat Taupunktstemperatur. Nach dem Mollier-Diagramm beträgt letztere 10,2 °C.

Die Abb. 2.8 zeigt $\alpha_{g,feucht}/\alpha_g$ nach Gl. (2.74) für gesättigte Luft bei verschiedenen Wassertemperaturen $\vartheta_l = \vartheta_{l,ein}$. $\vartheta_l = \vartheta_{g,s}$ ergibt die Scheidelinie zwischen Verdunstung und Kondensation. Man erkennt, daß $\alpha_{g,\text{feucht}}$ um so größer ist, je näher ϑ_l und $\vartheta_{g,s}$ bei der Siedetemperatur liegen. Erreicht $\vartheta_{g,s}$ die Siedetemperatur, so geht $\alpha_{g,\text{feucht}}$ gegen ∞, der Verdunstungs- oder Kondensationsvorgang wird dann nur noch durch die Wärmezu- oder abfuhr kontrolliert. Hierfür gilt

$$\dot{Q} = k A_{\text{HM}} (\vartheta_{\text{HM}} - \vartheta_l), \tag{2.81}$$

worin k der Wärmedurchgangskoeffizient und A_{HM} die Oberfläche der Heizschlange sind. ϑ_{HM} ist die Temperatur des Heizmediums.

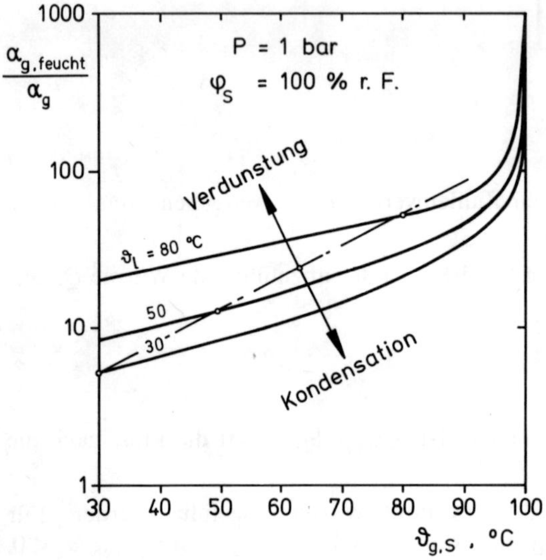

Abb. 2.8 $\alpha_{g,\text{feucht}}/\alpha_g$ als Funktion des Luftzustandes und der Wassertemperatur nach Gl. (2.37) für gesättigte Luft bei 1 bar

Wir fassen zusammen: Bei großem Abstand von der Siedetemperatur ist die Verdunstung bzw. Kondensation stoffübergangskontrolliert. Nahe der Siedetemperatur sind beide Vorgänge wärmeübergangskontrolliert.

Beispiel 2.6

Ein 20 cm hoher oben offener Glaszylinder ist zur Hälfte mit Ether gefüllt. Die Temperatur wird konstant auf 20 °C gehalten. Ein Luftstrom bewirkt, daß die Ether-Konzentration am oberen Rand des Glaszylinders stets auf Null gehalten wird. Nach welcher Zeit ist der Flüssigkeitsspiegel um $\Delta z_{\text{Ph}} = 1$ cm abgesunken? Welchen Fehler macht man, wenn man $\beta^{\theta}_{g,1} = \beta_{g,1}$ setzt?

Daten

Umgebungsdruck	$p = 1$ bar
Sattdampfdruck des Ethers	$p_1(20\,°\text{C}) = 0{,}587$ bar
Dichte des Ethers (flüssig)	$\varrho_l(20\,°\text{C}) = 713{,}5\ \text{kg/m}^3$
Molmasse ($C_2H_5-O-C_2H_5$)	$\tilde{M}_{\text{Ether}} = 74$ kg/kmol
Diffusionskoeffizient von Ether in Luft	$\delta_{g,12}(20°) = 9 \cdot 10^{-6}\ \text{m}^2/\text{s}$
Universelle Gaskonstante	$\tilde{R} = 8314$ J/kmol K

Lösung:

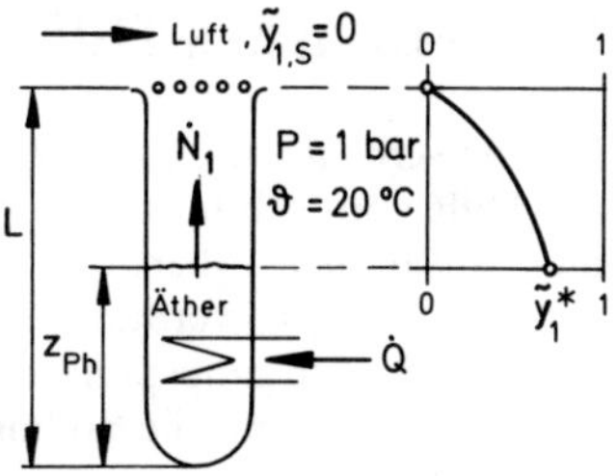

$$\dot{N}_1 + n_l A_{Ph} \frac{dz_{Ph}}{dt} = 0$$

$$\dot{N}_1 = n_g \beta_{g,1} A_{Ph} \ln \frac{1-\tilde{y}_{1,L}}{1-\tilde{y}_1^*(\vartheta_l)} > 0$$

$$\beta_{g,1} = \frac{\delta_{g,12}}{L-z_{Ph}}.$$

Hieraus folgt mit $s = (L-z_{Ph})/L$ und $\tau = t/t_R$, worin

$$\frac{1}{t_R} = \frac{n_g \delta_{g,12}}{n_l L^2} \ln \frac{1-\tilde{y}_{1,L}}{1-\tilde{y}_1^*(\vartheta_l)}$$

ist, $d\tau = s\,ds$ und integriert:

$$\tau = \tfrac{1}{2}[S^2 - S(0)^2] = \Delta S[S(0) + \Delta S/2].$$

Mit $\Delta S = \frac{1}{20}$ und $S(0) = \frac{10}{20}$ folgt $\tau = 21/800$.

Mit $t_R = 1{,}2 \cdot 10^6$ s ergibt sich $t = 31\,527$ s $= 8{,}75$ h.

Mit $\tilde{y}_1^*(\vartheta_l) - \tilde{y}_{1,L}$, anstelle von $\ln(1-\tilde{y}_{1,L})/[1-\tilde{y}_1^*(\vartheta_l)]$ erhielte man eine um 50% größere Zeitspanne.

Beispiel 2.7

Wie Beispiel 2.6, jedoch ist der Zylinder isoliert, die Verdunstung erfolge adiabatisch.

Zunächst ist die adiabatische Beharrungstemperatur nach Gl. (2.61) zu berechnen. Zusätzlich erforderliche Daten:

ϑ_l (°C)	$p_1^*(\vartheta_l)$ (mbar)	Δh_{Ph} (kJ/kg)	$\vartheta_{g,s}$ (°C)
16,4	500	374	
0,9	250	387	
−16,8	100	402	+34,0
−28,7	50	411	− 4,5
−39,4	25	420	

$\Delta h_{Ph} = 360$ kJ/kg bei 34 °C
$c_{p1,l} = 2{,}26$ kJ/kg bei 0 °C
$c_{p1,g} = 1{,}44$ kJ/kg bei 0 °C
$n_g = \frac{1}{22{,}4} \frac{\text{kmol}}{\text{m}^3}$ bei 0 °C
$\lambda_g \cong \lambda_2 = 0{,}024$ W/mK bei 0 °C
$\delta_{g,12} = 8 \cdot 10^{-6}$ m²/s bei 0 °C
$\mu = n_g \tilde{c}_{p1,g} \delta_{g,12}/\lambda_2 = 1{,}586$

$$\vartheta_{g,s} - \vartheta_l = \frac{\Delta h_{Ph}}{c_{p1,g}} \left\{ \left[\frac{1-\tilde{y}_{1,s}}{1-\tilde{y}_1^*(\vartheta_l)} \right]^{\mu} - 1 \right\}$$

$\vartheta_{g,s} = +20$ °C und $\tilde{y}_{1,s} = 0$ ergibt durch graphische Interpolation

$$\vartheta_l = \vartheta_{AB} = -20{,}0\ °\text{C}, \quad p_1^*(-20\ °\text{C}) = 83{,}5\ \text{mbar}.$$

Im nächsten Schritt kann t_R berechnet werden. $t_R = 12{,}4 \cdot 10^6$ s und $t = 321\,093$ s $=$ 89,19 h.

2.4 Polynäre Diffusion in mäßig verdünnten Gasen

In sehr **verdünnten** Gasen ($d \ll \Lambda_{mol}$, $S \ll \Lambda_{mol}$) macht es keinen Unterschied, ob es sich um Diffusion in binären oder polynären Gemischen handelt, da die Moleküle ohnehin nicht zusammenstoßen, d. h. sich jede Spezies so verhält, als wäre sie alleine vorhanden. Anders in mäßig verdünnten Gase, wo die Moleküle sämtlicher Spezies miteinander kollidieren. Ausgangspunkt für die Berechnung von Diffusionsströmen in polynären Gasgemischen sind die **Stefan-Maxwell'schen Gleichungen**[4, 5]:

$$A n_g \frac{\partial \tilde{y}_j}{\partial s} = \sum_{i=1}^{i=k} \frac{1}{\delta_{ji}} (\tilde{y}_j \dot{N}_i - \tilde{y}_i \dot{N}_j), \tag{2.82}$$

worin s die Längenkoordinate in Richtung der Ströme $\dot{N}_j$ in einem ortsfesten Koordinatensystem ist. In diesem Zusammenhang gilt auch

$$\sum_{i=1}^{i=k} \tilde{y}_i = 1, \quad \text{(Summe der Molenbrüche gleich 1)}$$

und

$$\sum_{i=1}^{i=k} \dot{N}_i = \dot{N} \quad \text{(Summe der Teilströme gleich Gesamtstrom).}$$

Für ein binäres Gemisch gilt $\delta_{ij} = \delta_{ji} = \delta$, s. Gl. (2.30). Sodann folgt für diesen Fall aus Gl. (2.82)

$$\begin{aligned} A n_g \delta \frac{\partial \tilde{y}_1}{\partial s} &= (\tilde{y}_1 \dot{N}_1 - \tilde{y}_1 \dot{N}_1) + (\tilde{y}_1 \dot{N}_2 - \tilde{y}_2 \dot{N}_1) \\ &= \tilde{y}_1 (\dot{N}_1 + \dot{N}_2) - (\tilde{y}_1 + \tilde{y}_2) \dot{N}_1 \\ &= \tilde{y}_1 \cdot \dot{N} - \dot{N}_1 \end{aligned}$$

oder

$$\dot{N}_1 = - A n_g \delta \frac{\partial \tilde{y}_j}{\partial s} + \dot{N} \tilde{y}_1 \tag{2.83}$$

und

$$\dot{N}_2 = - A n_g \delta \frac{\partial \tilde{y}_2}{\partial s} + \dot{N} \tilde{y}_2 . \tag{2.84}$$

$\dot{N}_j$ ist der effektive Teilstrom der Spezies j, $- A n_g \delta \frac{\partial \tilde{y}_j}{\partial s}$ ist der Diffusionsstrom $\underset{\rightarrow}{\dot{N}}_j$ der Spezies j, s. die Gln. (2.34) und (2.35). $\dot{N} \tilde{y}_j$ ist der Konvektionsstrom der Spezies j, wie er z. B. durch halbdurchlässige Wände zustande kommen kann. Sind in einem polynären Gemisch alle binären Diffusionskoeffizienten δ_{ji} gleich, so können die Gln. (2.83) und (2.84) auf polynäre Gemische übertragen werden

$$\dot{N}_j = - A n_g \delta \frac{\partial \tilde{y}_j}{\partial s} + \dot{N} \tilde{y}_j \tag{2.85}$$

mit

$$\dot{N} = \sum_{i=1}^{i=k} N_i .$$

Auch für den Fall, daß nicht alle binären Diffusionskoeffizienten δ_{ij} gleich sind, läßt sich Gl. (2.85) formal beibehalten, indem man einen polynären Diffusionskoeffizienten δ_{jm}

einführt

$$\dot{N}_j = -A n_g \delta_{jm} \frac{\partial \tilde{y}_j}{\partial s} + \dot{N} y_j. \tag{2.86}$$

Wiederum gilt, daß der Gesamtstrom $\dot{N}$ gleich der Summe der Teilströme $\dot{N}_i$ ist

$$\dot{N} = \sum_{i=1}^{i=k} \dot{N}_i. \tag{2.87}$$

Diese polynären Diffusionskoeffizienten sind im Gegensatz zu den binären Diffusionskoeffizienten jedoch konzentrationsabhängig. Man erhält durch Vergleich der Gl. (2.86) mit der Gl. (2.82) für die δ_{jm} folgenden Ausdruck

$$\frac{1}{n_g \delta_{jm}} = -\frac{\sum_{i=1}^{i=k} \frac{1}{n_g \delta_{ji}} (\tilde{y}_j \dot{N}_i - \tilde{y}_i \dot{N}_j)}{\dot{N}_j - \dot{N} \tilde{y}_j}. \tag{2.88}$$

Die Gln. (2.86) und (2.88) sind von Vorteil, wenn z. B. eine Komponente im Überschuß vorhanden ist. Trifft dies z. B. für die Komponente 1 zu, so sind die

$$\delta_{jm} = \delta_{j1}.$$

Die Anwendung der kinetischen Ansätze für die Diffusion in polynären Gemischen nach Gl. (2.82) bzw. (2.86) soll an zwei Beispielen erläutert werden.

1. Beispiel:

Spaltung von Methan an einer Graphitoberfläche

$$CH_4 \rightarrow C + 2H_2. \tag{2.89}$$

Der Stoffstrom des Wasserstoffes (2) ist dem des Methans (1) entgegengerichtet und doppelt so groß. Die Gasphase ist ein binäres System und es gilt $\delta_{12} = \delta_{21} = \delta$. Zur Beschreibung stationärer Diffusionsströme ist also Gl. (2.85) unmittelbar anwendbar.

Wir wollen annehmen, daß die Spaltungsreaktion nach Gl. (2.89) sehr schnell sei, so daß die Methan-Konzentration an der Graphitoberfläche Null ist und die Reaktionsgeschwindigkeit allein durch die Geschwindigkeit der Diffusion durch eine viskose Unterschicht (diese Annahme ist die Grundlage des sogenannten Filmmodells (viskose Unterschicht = „Film")) der Gasströmung bestimmt wird, s. Abb. 2.9. Zweckmäßig schreiben wir Gl. (2.85) in dimensionslosen Variablen.

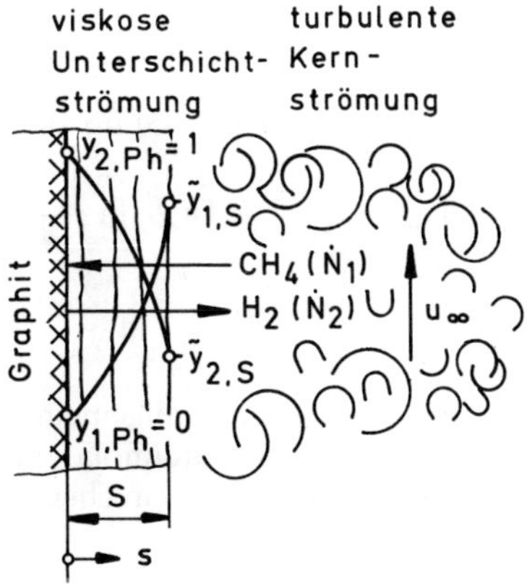

Abb. 2.9 Spaltung von Methan an einer Graphitoberfläche. S = Dicke der Unterschicht

Mit

$$\frac{\dot{N}_j}{\dot{N}} \equiv \dot{r}_j \tag{2.90}$$

und

$$\frac{\dot{N}}{A n_g \delta} s \equiv \zeta \tag{2.91}$$

wird dann

$$-\frac{d\tilde{y}_j}{d\zeta} = \dot{r}_j - \tilde{y}_j. \tag{2.92}$$

Diese Gleichung hat die Lösung

$$\zeta_S = \ln \frac{\dot{r}_j - \tilde{y}_{j,S}}{\dot{r}_j - \tilde{y}_{j,Ph}}. \tag{2.93}$$

Nun folgt mit

$$\frac{\delta}{S} = \beta_g, \tag{2.94}$$

worin β_g der für beide Komponenten gleiche Stoffübertragungskoeffizient in der Gasphase ist, aus Gl. (2.93) für die Stoffströme

$$\dot{N}_j = A n_g \beta_g \dot{r}_j \ln \frac{\dot{r}_j - \tilde{y}_{j,s}}{\dot{r}_j - \tilde{y}_{j,Ph}}. \tag{2.95}$$

Die Parameter $\dot{r}_j$ ergeben sich aus der stöchiometrischen Reaktionsgleichung. Für die Methan-Spaltung ergibt dies

$$\dot{N}_2 = -2\dot{N}_1$$

und, da

$$\dot{N}_1 + \dot{N}_2 = \dot{N}$$

ist,

$$\dot{N}_2 = +2\dot{N} \quad \text{oder} \quad \dot{r}_2 = +2$$

sowie

$$\dot{N}_1 = -\dot{N} \quad \text{oder} \quad \dot{r}_1 = -1.$$

Damit folgt aus Gl. (2.95) für diesen Fall

$$CH_4: \quad \dot{N}_1 = -A n_g \beta_g \ln \frac{1 + \tilde{y}_{1,s}}{1 + \tilde{y}_{1,Ph}}, \tag{2.96}$$

$$H_2: \quad \dot{N}_2 = A n_g \beta_g 2 \ln \frac{2 - \tilde{y}_{2,s}}{2 - \tilde{y}_{2,Ph}}. \tag{2.97}$$

Gl. (2.95) stellt eine verallgemeinerte Grundgleichung der binären Diffusion in ortsfesten Systemen bei nicht äquimolarem Stoffaustausch dar. Bei äquimolarem Stoffaustausch sind die $\dot{r}_j = 0$. Ein entsprechender Grenzübergang ergibt aus Gl. (2.95)

$$\dot{N}_j = A n_g \beta_g (\tilde{y}_{j,Ph} - \tilde{y}_{j,S}). \tag{2.95a}$$

Gl. (2.95) gilt auch für polynäre Mischungen, sofern alle binären Diffusionskoeffizienten gleich sind. Ist dies nicht der Fall, muß bei polynären Systemen auf Gl. (2.82) zurückgegriffen werden. Dies sei im nächsten Beispiel erläutert.

2. Beispiel:

Katalytische Hydrierung von Benzol zu Cyclohexan

$$C_6H_6 + 3H_2 \rightarrow \text{cyclo } C_6H_{12}. \tag{2.98}$$

Für diese katalytisch beschleunigte Reaktion an einer geeigneten Katalysatoroberfläche möge wie auch im ersten Beispiel gelten, daß die Reaktion hinreichend schnell sei, so daß die Konzentration von mindestens einem Reaktanden an der Phasengrenzfläche Null ist.

Bezeichnen wir

Benzol mit Stoff 1,
Wasserstoff mit Stoff 2,
Cyclohexan mit Stoff 3,

so folgt für die stöchiometrischen Faktoren mit $\dot{N}_3 = -\dot{N}_1 = -\frac{1}{3}\dot{N}_2$ nach Gl. (2.98)

$$\dot{r}_1 = +\tfrac{1}{3}, \quad \dot{r}_2 = +1 \quad \text{und} \quad \dot{r}_3 = -\tfrac{1}{3}.$$

Die binären Diffusionskoeffizienten $\delta_{21} = \delta_{12}$ und $\delta_{23} = \delta_{32}$ sind wegen der hohen thermischen Beweglichkeit des Wasserstoffes ca. 10mal größer als der binäre Diffusionskoeffizient $\delta_{13} = \delta_{31}$.

Gl. (2.82) lautet für das vorliegende Dreistoffgemisch in ausgeschriebener Form mit den Abkürzungen $\dot{N}_j/\dot{N} \equiv \dot{r}_j$ und $\dot{N}s/An_g \equiv Z$:

$$\begin{aligned}\frac{d\tilde{y}_1}{dZ} = {} & \frac{1}{\delta_{11}}(\tilde{y}_1\dot{r}_1 - \tilde{y}_1\dot{r}_1) \\ & + \frac{1}{\delta_{12}}(\tilde{y}_1\dot{r}_2 - \tilde{y}_2\dot{r}_1) \\ & + \frac{1}{\delta_{13}}(\tilde{y}_1\dot{r}_3 - \tilde{y}_3\dot{r}_1)\end{aligned} \tag{2.99 a}$$

$$\begin{aligned}\frac{d\tilde{y}_2}{dZ} = {} & \frac{1}{\delta_{21}}(\tilde{y}_2\dot{r}_1 - \tilde{y}_1\dot{r}_2) \\ & + \frac{1}{\delta_{22}}(\tilde{y}_2\dot{r}_2 - \tilde{y}_2\dot{r}_2) \\ & + \frac{1}{\delta_{23}}(\tilde{y}_2\dot{r}_3 - \tilde{y}_3\dot{r}_2)\end{aligned} \tag{2.99 b}$$

$$\begin{aligned}\frac{d\tilde{y}_3}{dZ} = {} & \frac{1}{\delta_{31}}(\tilde{y}_3\dot{r}_1 - \tilde{y}_1\dot{r}_3) \\ & + \frac{1}{\delta_{32}}(\tilde{y}_3\dot{r}_2 - \tilde{y}_2\dot{r}_3) \\ & + \frac{1}{\delta_{33}}(\tilde{y}_3\dot{r}_3 - \tilde{y}_3\dot{r}_3)\end{aligned} \tag{2.99 c}$$

$Z \sim \dot{N}$ ist ein Maß für die Umsatzgeschwindigkeit.

Man kann nun diesen Gleichungssatz so umformen, daß der Grundtypus der Gl. (2.65) bzw. (2.92), der ja für **gleiche** binäre Diffusionskoeffizienten gilt, sichtbar wird und sich dabei der Einfluß der **Ungleichheit** der binären Diffusionskoeffizienten in Form von Störgliedern bemerkbar macht. Man erreicht dies, indem man mit Hilfe der Bedingungen

$$\tilde{y}_1 + \tilde{y}_2 + \tilde{y}_3 = 1$$

und

$$\dot{r}_1 + \dot{r}_2 + \dot{r}_3 = 1$$

$\tilde{y}_2$ und $\dot{r}_2$ aus Gl. (2.99a), $\tilde{y}_3$ und $\dot{r}_3$ aus Gl. (2.99b) sowie $\tilde{y}_2$ und $\dot{r}_2$ aus Gl. (2.99c) eliminiert. Man erhält dann:

$$-\delta_{12}\frac{\mathrm{d}\tilde{y}_1}{\mathrm{d}Z} = \dot{r}_1 - \tilde{y}_1 + \left(1 - \frac{\delta_{12}}{\delta_{13}}\right)(\tilde{y}_1\dot{r}_3 - \tilde{y}_3\dot{r}_1) \tag{2.100 a}$$

$$-\delta_{23}\frac{\mathrm{d}\tilde{y}_2}{\mathrm{d}Z} = \dot{r}_2 - \tilde{y}_2 + \left(1 - \frac{\delta_{23}}{\delta_{21}}\right)(\tilde{y}_2\dot{r}_1 - \tilde{y}_1\dot{r}_2) \tag{2.100 b}$$

$$\underbrace{-\delta_{32}\frac{\mathrm{d}\tilde{y}_3}{\mathrm{d}Z} = \dot{r}_3 - \tilde{y}_3}_{\text{Grundtyp}} + \underbrace{\left(1 - \frac{\delta_{32}}{\delta_{31}}\right)(\tilde{y}_3\dot{r}_1 - \tilde{y}_1\dot{r}_3)}_{\text{Störglieder}}. \tag{2.100 c}$$

Man erkennt, daß bei Gleichheit aller binären Diffusionskoeffizienten δ_{ji} sämtliche Störglieder verschwinden und nur der Grundtypus gemäß Gl. (2.85) bzw. (2.92) übrig bleibt. Im vorliegenden Fall des Dreistoffgemisches Benzol/Wasserstoff/Cyclohexan sind zwar nicht alle binären Diffusionskoeffizienten gleich, wohl aber mit guter Näherung die Koeffizienten δ_{23} und δ_{21}, denn der Wasserstoff diffundiert in Benzol etwa ebenso schnell wie in Cyclohexan, da die Moleküle der beiden letztgenannten Stoffe etwa gleich schwer und gleich gebaut sind.

Daraus folgt, daß das Störglied in Gl. (2.100 b) verschwindet und damit diese Gleichung unmittelbar integrierbar wird. Man kann also in diesem Fall das vorliegende Dreistoffgemisch in bezug auf den Wasserstoff als ein Pseudo-Zweistoffgemisch behandeln, was die Integration des Gleichungssystems (2.100) erheblich vereinfacht.

Wir wollen indessen dieses Gleichungssystem allgemein lösen, um zu sehen, welche Form die Lösung hat. Es handelt sich um gekoppelte Gleichungen, die durch Bildung höherer Ableitungen entkoppelt werden können. Man erhält

$$\frac{\mathrm{d}^2\tilde{y}_1}{\mathrm{d}\zeta^2} + a\frac{\mathrm{d}\tilde{y}_1}{\mathrm{d}\zeta} + b\tilde{y}_1 + c_1 = 0 \tag{2.101 a}$$

$$\frac{\mathrm{d}^2\tilde{y}_3}{\mathrm{d}\zeta^2} + a\frac{\mathrm{d}\tilde{y}_3}{\mathrm{d}\zeta} + b\tilde{y}_3 + c_3 = 0 \tag{2.101 b}$$

$\tilde{y}_2$ folgt aus $1 - (\tilde{y}_1 + \tilde{y}_3)$. Hierin ist

$$\zeta \equiv \frac{Z}{\sqrt{\delta_{21}\delta_{23}}}. \tag{2.102}$$

Die Lösungen lauten für $a^2 - 4 \neq 0$:

$$\tilde{y}_1(\zeta) = \frac{1}{\varphi_\mathrm{a} - \varphi_\mathrm{b}}\{[\tilde{y}^+_{1,\mathrm{Ph}} - \varphi_\mathrm{b}(\tilde{y}_{1,\mathrm{Ph}} + c_1/b)]\exp\varphi_\mathrm{a}\zeta + \varphi_\mathrm{a}(\tilde{y}_{1,\mathrm{Ph}} + c_1/b - \tilde{y}^+_{1,\mathrm{Ph}}/\varphi_\mathrm{a})\exp\varphi_\mathrm{b}\zeta\} - \frac{c_1}{b} \tag{2.103}$$

$$\tilde{y}_3(\zeta) = \frac{1}{\varphi_\mathrm{a} - \varphi_\mathrm{b}}\{[\tilde{y}^+_{3,\mathrm{Ph}} - \varphi_\mathrm{b}(\tilde{y}_{3,\mathrm{Ph}} + c_3/b)]\exp\varphi_\mathrm{a}\zeta + \varphi_\mathrm{a}(\tilde{y}_{3,\mathrm{Ph}} + c_3/b - \tilde{y}^+_{3,\mathrm{Ph}}/\varphi_\mathrm{a})\exp\varphi_\mathrm{b}\zeta\} - \frac{c_3}{b} \tag{2.104}$$

Hierin sind:

$$\varphi_{\mathrm{a,b}} = -\frac{a}{2} \pm \frac{1}{2}\sqrt{a^2 - 4b}$$

$$\tilde{y}_{1,\mathrm{Ph}}^{+} = \sqrt{\delta_{21}\delta_{23}}\,[(\tilde{y}_{1,\mathrm{Ph}} - \dot{r}_1)/\delta_{21} - \Delta_1(\tilde{y}_{1,\mathrm{Ph}}\dot{r}_3 - \tilde{y}_{3,\mathrm{Ph}}\dot{r}_1)]$$

$$\tilde{y}_{3,\mathrm{Ph}}^{+} = \sqrt{\delta_{21}\delta_{23}}\,[(\tilde{y}_{3,\mathrm{Ph}} - \dot{r}_3)/\delta_{23} - \Delta_3(\tilde{y}_{1,\mathrm{Ph}}\dot{r}_3 - \tilde{y}_{3,\mathrm{Ph}}\dot{r}_1)]$$

$$\Delta_1 = \frac{1}{\delta_{21}} - \frac{1}{\delta_{13}} \quad \text{und} \quad \Delta_3 = \frac{1}{\delta_{13}} - \frac{1}{\delta_{23}}$$

$$a = \sqrt{\delta_{21}\delta_{23}}\left[(\Delta_1\dot{r}_3 - \Delta_3\dot{r}_1) - \left(\frac{1}{\delta_{21}} + \frac{1}{\delta_{23}}\right)\right]$$

$$b = 1 - \dot{r}_3\delta_{21}\Delta_1 + \dot{r}_1\delta_{23}\Delta_3$$

$$c_1 = \dot{r}_1 b \quad \text{und} \quad c_3 = -\dot{r}_3 b$$

$$\zeta = \frac{\dot{N}s}{An_g}\sqrt{\delta_{21}\delta_{23}}.$$

Für den Fall $a^2 - 4b = 0$ lauten die Lösungen

$$\tilde{y}_1(\zeta) = (\tilde{y}_{1,\mathrm{Ph}} - \dot{r}_1)\exp\varphi\zeta + [\tilde{y}_{1,\mathrm{Ph}}^{+} - \varphi(\tilde{y}_{1,\mathrm{Ph}} - \dot{r}_1)]\,\zeta\exp\varphi\zeta + \dot{r}_1 \tag{2.105}$$

$$\tilde{y}_3(\zeta) = (\tilde{y}_{3,\mathrm{Ph}} - \dot{r}_3)\exp\varphi\zeta + [\tilde{y}_{3,\mathrm{Ph}}^{+} - \varphi(\tilde{y}_{3,\mathrm{Ph}} - \dot{r}_3)]\,\zeta\exp\varphi\zeta + \dot{r}_3 \tag{2.106}$$

worin $\varphi = a/2$ ist.

Rechnen wir im vorliegenden Fall, wie oben begründet mit $\delta_{21} = \delta_{23}$, so ist $a = -2$ und $b = -1$. Daraus folgt $a^2 - 4b = 0$, so daß die Gln. (2.105) und (2.106) mit $\varphi = -1$ anzuwenden sind. In den nachfolgenden Tabellen und Diagrammen sind einige numerische Auswertungen dieser Gleichungen dargestellt für den Fall $\delta_{21} = \delta_{23} = 10\delta_{13}$.

a) Stöchiometrische Mischung, $\left.\begin{matrix}\tilde{y}_{1,S} = 0{,}25 \\ \tilde{y}_{2,S} = 0{,}75\end{matrix}\right\}$ bei $-\zeta_S = 0{,}24$ und $\tilde{y}_{3,S} = 0$

$-\zeta$	$\tilde{y}_1$	$\tilde{y}_2$	$\tilde{y}_3$
0,00	0,00	0,68	0,32
0,01	0,02	0,68	0,30
0,04	0,05	0,69	0,26
0,09	0,11	0,71	0,18
0,14	0,16	0,72	0,12
0,19	0,21	0,73	0,06
0,24	0,25	0,75	0,00

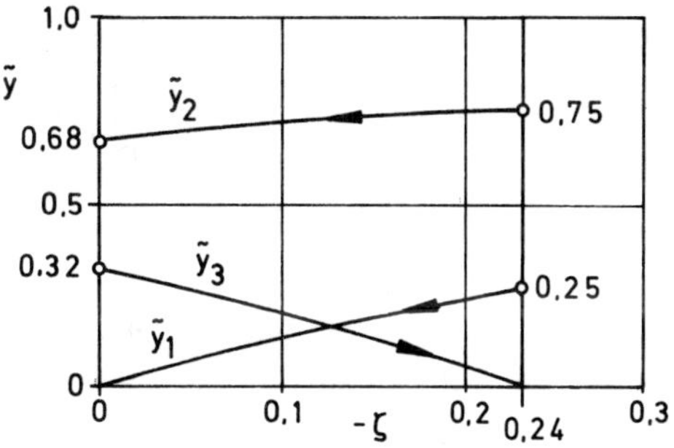

b) Starker Wasserstoff-Überschuß,

$\left.\begin{matrix}\tilde{y}_{1,S} = 0{,}15 \\ \tilde{y}_{2,S} = 0{,}85\end{matrix}\right\}$ bei $-\zeta_S = 0{,}20$ und $\tilde{y}_{3,S} = 0$

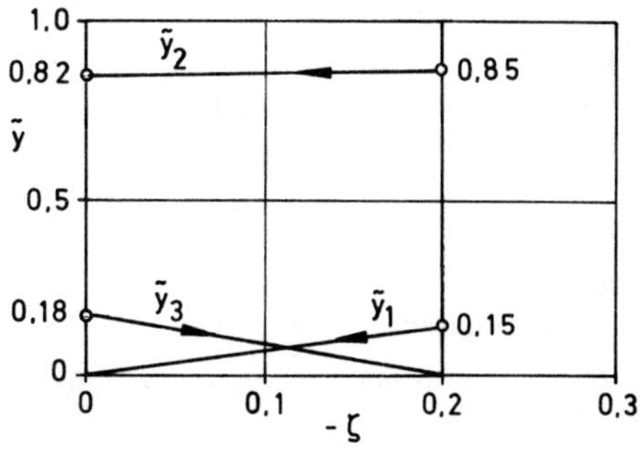

c) Starker Benzol-Überschuß,

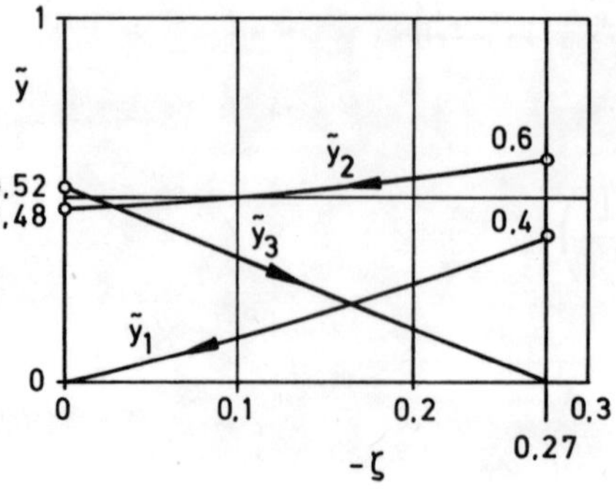

$$\left.\begin{aligned}\tilde{y}_{1,S} &= 0{,}40\\ \tilde{y}_{2,S} &= 0{,}60\end{aligned}\right\}\ \text{bei } -\zeta_S = 0{,}27 \text{ und } \tilde{y}_{3,S} = 0.$$

Anhand dieser Ergebnisse erkennen wir folgendes:

- Die Wasserstoff-Konzentration ist innerhalb der viskosen Unterschicht nahezu konstant. Der Wasserstoff diffundiert so schnell, daß bereits ein geringes Konzentrationsgefälle ausreicht, um die erforderliche Menge an die Phasengrenzfläche zu transportieren.
- Bei Wasserstoff-Überschuß ist die Umsatzgeschwindigkeit kleiner, bei Benzol-Überschuß jedoch größer als bei stöchiometrischer Mischung. Dies liegt wiederum daran, daß der Wasserstoff so schnell diffundiert, daß die Umsatzgeschwindigkeit maßgeblich vom Konzentrationsgefälle des Benzols abhängt.

Stoffübergangskoeffizienten bei polynärer Diffusion

Die Verwendung eines Stoffübergangskoeffizienten β_j^θ, der durch die Gleichung

$$\dot{N}_j = A n \beta_j^\theta (\tilde{z}_{j,Ph} - \tilde{z}_j) \tag{2.107}$$

definiert ist, und der bei äquimolarer Diffusion durch eine Schicht von der Dicke S gleich δ_{ji}/S ist, scheint bei nicht äquimolarer Diffusion wenig sinnvoll, da dieser in so starkem Maße von der Konzentration abhängen kann, daß er alle Werte zwischen $\pm\infty$ durchlaufen kann. Besser dürfte folgende Definition sein:

$$\dot{N}_j = A n \beta_j \dot{r}_j \ln \frac{\dot{r}_j - \tilde{z}_j}{\dot{r}_j - \tilde{z}_{j,Ph}}. \tag{2.108}$$

Für den Fall, daß alle binären Diffusionskoeffizienten gleich sind, d.h. $\delta_{ji} = \delta$ ist, folgt

$$\beta_j = \beta = \frac{\delta}{S}, \tag{2.109}$$

genau wie bei der äquimolaren Diffusion. β_j ist nicht konzentrationsabhängig. Sind die Komponenten sehr verdünnt, d.h. $\tilde{z}_j \to 0$, so geht Gl. (2.108) in Gl. (2.107) über. Das gleiche gilt auch für den Fall $\dot{r}_j \to \infty$, d.h. für äquimolare Diffusion. Insofern ist die Definitionsgleichung (2.108) die allgemeinere und ist in jedem Falle der Gl. (2.107) vorzuziehen.

Dennoch wird oft Gl. (2.107) näherungsweise benutzt, insbesondere bei der Reihenschaltung zweier Stoffübergangswiderstände, wie dies bei der Stoffübertragung zwischen zwei fluiden Phasen erforderlich ist.

Zur Beschreibung der polynären Diffusion mit unterschiedlichen binären Diffusionskoeffizienten gibt es keinen einfachen Ansatz. Man muß auf Gleichungen vom Typ (2.100) zurückgreifen und diese mit unterschiedlichen binären Stoffübertragungskoeffizienten $\beta_{ji} = \delta_{ji}/S$ als Parameter lösen.

Beispiel 2.8

Kondensation von Wasserdampf aus einem Gemisch, das außer Wasserdampf (1) aus Wasserstoff (2) und Stickstoff (3) besteht. Gesamtdruck $p = 1$ bar, Gemischtemperatur 150 °C, Gemischzusammensetzung $\tilde{y}_1 = 0{,}31$; $\tilde{y}_2 = 0{,}34$ und $\tilde{y}_3 = 0{,}35$; Taupunkt 70 °C.

Der Kondensatfilm werde durch entsprechende Kühlung auf + 50 °C gehalten. Die binären Diffusionskoeffizienten haben folgende Werte:

$\delta_{13} = 0{,}38\ \text{cm}^2/\text{s}$ H_2O in N_2
$\delta_{12} = 1{,}30\ \text{cm}^2/\text{s}$ H_2O in H_2
$\delta_{23} = 1{,}07\ \text{cm}^2/\text{s}$ H_2 in N_2.

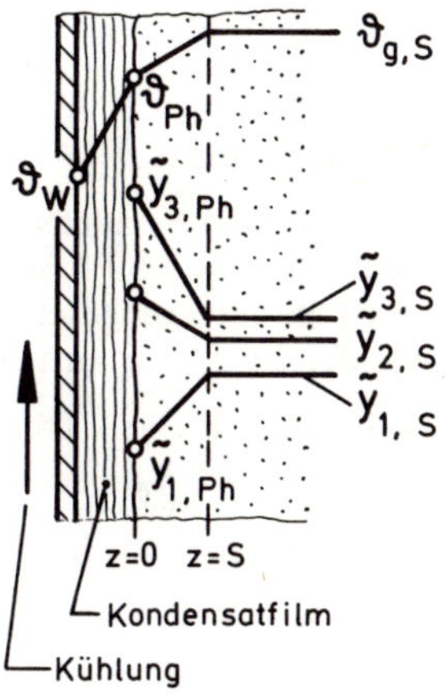

Welche Molenbrüche $\tilde{y}_{j,\text{Ph}}$ stellen sich an der Phasengrenzfläche ein? Lösung mit Hilfe des Filmmodells, d.h. der Annahme einer viskosen Unterschicht der Dicke S.

Es sind $\dot{r}_2 = 0$; $\dot{r}_3 = 0$ und $\dot{r}_1 = 1$. Für $\tilde{y}_{1,\text{Ph}}$ folgt mit dem Sattdampfdruck zu $\vartheta_{\text{Ph}} = 50$ °C von $p^*_{1,\text{Ph}} = 0{,}123$ bar der Wert $\tilde{y}_{1,\text{Ph}} = 0{,}123$. Aus den Gl. (2.99 a–c) folgt:

$$\frac{d\tilde{y}_1}{dZ} = \frac{1}{\delta_{12}}(-\tilde{y}_2) + \frac{1}{\delta_{13}}(-\tilde{y}_3) \tag{2.110}$$

$$\frac{d\tilde{y}_2}{dZ} = \frac{1}{\delta_{21}}(\tilde{y}_2) \tag{2.111}$$

$$\frac{d\tilde{y}_3}{dZ} = \frac{1}{\delta_{31}}(\tilde{y}_3). \tag{2.112}$$

Integration der beiden letzten Gleichungen liefert

$$\tilde{y}_{2,\text{Ph}} = \tilde{y}_{2,\text{s}}\,e^{-Z_{21}}$$
$$\tilde{y}_{3,\text{Ph}} = \tilde{y}_{3,\text{s}}\,e^{-Z_{31}}$$

und ihre Summation

$$1 - \tilde{y}_{1,\text{Ph}} = \tilde{y}_{2,\text{s}}\,e^{-Z_{21}} + \tilde{y}_{3,\text{s}}\,e^{-Z_{31}}.$$

Hierin sind $Z_{21} = 1/\delta_{21}\,\dot{N}S/An_g$ und $Z_{31} = 1/\delta_{31}\,\dot{N}S/An_g$. $\dot{N}/An_g = v_g$ ist die Geschwindigkeit, mit der das Gemisch auf die Oberfläche des Kondensatfilmes zuströmt. Setzen wir noch $\delta_{ij}/S = \beta_{ij}$, so ist $Z_{21} = v_g/\beta_{21}$ und $Z_{31} = v_g/\beta_{31}$. Die „Filmtheorie" beschreibt die wahren Verhältnisse nur näherungsweise. Ihre Aussagen lassen sich verbessern, wenn man $\beta_{ji} \sim \delta_{ji}^m$ setzt, wobei je nach Strömungszustand m zwischen 0,5 und 1 liegen kann.

Hierin verhalten sich $\beta_{21}/\beta_{31} = \delta_{21}/\delta_{31} = \delta_{12}/\delta_{13} = 3{,}42$. Somit ist

$$1 - \tilde{y}_{1,\mathrm{Ph}} = \tilde{y}_{2,\mathrm{s}} \exp\left(-\frac{v_g}{\beta_{21}}\right) + \tilde{y}_{3,\mathrm{s}} \exp\left(-\frac{v_g}{\beta_{31}}\right)$$

oder

$$1 - 0{,}123 = 0{,}34 \exp\left(-\frac{v_g}{\beta_{21}}\right) + 0{,}35 \exp\left(-\frac{v_g}{\beta_{21}} \cdot 3{,}42\right).$$

Hieraus läßt sich v_g/β_{21} iterativ zu $-0{,}104$ bestimmen. Damit folgt

$$\tilde{y}_{2,\mathrm{Ph}} = 0{,}34\, e^{0{,}104} = 0{,}377$$

und

$$\tilde{y}_{3,\mathrm{Ph}} = 0{,}35\, e^{0{,}356} = 0{,}499.$$

Der durch die Kondensation bedingte Wasserdampfstrom schleppt Stickstoff und Wasserstoff mit an die Phasengrenze. Diese Schleppwirkung des Wasserdampfstromes wird durch die entgegengesetzt gerichteten Diffusionsströme kompensiert. Hierdurch reichert sich der langsamer zurückdiffundierende Stickstoff an der Phasengrenze an.

Definiert man einen Trennfaktor

$$\alpha_{T,32} = \frac{\tilde{y}_{3,\mathrm{Ph}}/\tilde{y}_{3,\mathrm{s}}}{\tilde{y}_{2,\mathrm{Ph}}/\tilde{y}_{2,\mathrm{s}}},$$

so ergibt sich

$$\alpha_{T,32} = \exp\left[-\frac{v_g}{\beta_{21}}\left(\frac{\beta_{21}}{\beta_{31}} - 1\right)\right].$$

Für

$$v_g/\beta_{21} = -0{,}104 \quad \text{ist} \quad \alpha_{T,32} = 1{,}29.$$

Je schärfer man kühlt, desto größer ist der Wasserdampfstrom und desto stärker reichert sich der Stickstoff an. Der maximale Wasserdampfstrom bei gegebener Gemischzusammensetzung ist erreicht, wenn $\tilde{y}_{1,\mathrm{Ph}} = 0$ ist.

Mit obigen Werten ergibt sich dann

$$\frac{v_g}{\beta_{21}} = -0{,}158 \quad \text{und} \quad \alpha_{T,32} = 1{,}47.$$

Dieser Effekt läßt sich zur Trennung von Inertgasen ausnutzen. Das entsprechende Trennverfahren wird auch „Sweep Diffusion“ [6] genannt.

2.5 Diffusion in Flüssigkeiten

In Flüssigkeiten ist der Abstand der Moleküle voneinander wesentlich geringer als in Gasen. Zusammenstöße eines Moleküls mit anderen erfolgen daher nicht nacheinander als unabhängige Ereignisse, sondern in dichter Folge mit zeitlichen Überlappungen der einzelnen Stoßwirkungen, die auf diese Weise „verschmieren“. Falls die Moleküle des diffundierenden Stoffes wesentlich größer sind als die der umgebenden Trägerflüssigkeit, kann man davon ausgehen, daß ein einzelnes herausgegriffenes Molekül wie ein Fremdkörper in einem **Kontinuum** schwimmt. Unter dieser Voraussetzung hat A. Einstein

(1879–1955) das Gesetz der **Stokes'schen Reibung** zur Beschreibung der Bewegung dieses Moleküls in seiner Umgebung angewendet und folgenden Zusammenhang zwischen dem Diffusionskoeffizienten δ_{12} und der Viskosität des Trägermediums η_2 erhalten:

$$\delta_{12} = \frac{kT}{6\pi\eta_2 R_1}. \qquad (2.113)$$

Mit der Viskosität von Wasser und Molekülradien von einigen nm (Ångström) errechnet man δ_{12} in der Größenordnung von 10^{-5} cm²/s. Gl. (2.113) wird als Ergebnis der sog. **hydrodynamischen Theorie** bezeichnet. Sie ist – wie gesagt – besonders geeignet für relativ große Moleküle bis hin zur Beschreibung der **Brown'schen Molekularbewegung**.

Neben der hydrodynamischen Theorie gibt es die Theorie von Eyring[7], in der der Flüssigkeit eine pseudo-kristalline Struktur zugeschrieben wird, in der die Diffusion durch Wanderung von Molekülen entlang zufällig verteilter Fehlstellen zustande kommt. Interessant ist, daß diese Theorie ebenfalls auf eine Gleichung vom Typ (2.113) führt.

Gl. (2.113) gilt für den Fall, daß die Komponente 1 in der Komponente 2 stark verdünnt vorliegt. Bei höheren Konzentrationen treten zusätzliche Wechselwirkungen auf, so daß δ_{12} z.T. ziemlich stark konzentrationsabhängig wird.

Bei polynärer nicht äquimolarer Diffusion sollte auch für Flüssigkeiten die Gl. (2.85) anwendbar sein, da die binären Diffusionskoeffizienten in Flüssigkeiten in der Regel nicht allzusehr verschieden sind.

Beispiel 2.9

Diffusionskoeffizienten von Benzol in verschiedenen Lösungsmitteln.

Diff. Stoff (1)	Lösungsmittel (2)	η_2 (Ns/m²)	δ_{12} (cm²/s)
Benzol	Methanol	$58{,}4 \cdot 10^{-5}$	$3{,}04 \cdot 10^{-5}$
bei + 20 °C	Ethanol	$120{,}1 \cdot 10^{-5}$	$2{,}57 \cdot 10^{-5}$
	n-Propanol	$223{,}1 \cdot 10^{-5}$	$2{,}38 \cdot 10^{-5}$
	n-Butanol	$295{,}1 \cdot 10^{-5}$	$2{,}11 \cdot 10^{-5}$

Man erkennt, daß Gl. (2.113) den Einfluß der Viskosität des Lösungsmittels nicht richtig wiedergibt. Das Benzol-Molekül ist im Vergleich zu den Lösungsmittelmolekülen zu klein. Man kann für solche Fälle Gl. (2.113) empirisch modifizieren und ansetzen

$$\frac{\delta_{12}}{\delta_{12}^0} = \left(\frac{\eta_2}{\eta_2^0}\right)^m,$$

worin $m < 1$ ist. Im obigen Falle ist $m \cong 0{,}25$.

2.6 Stoffübertragung unter dem Einfluß von Turbulenz

Unter Diffusion versteht man die **molekulare Bewegung** einzelner Spezies in einer Mischung. Sie findet statt in **ruhenden** und **laminar** strömenden Gemischen. Bei **turbulent** strömenden Gemischen überlagert sich der molekularen Bewegung eine – ebenfalls ungeordnete – Bewegung von sog. **Turbulenzballen**, die den molekularen Diffusionseffekt erheblich verstärkt. Turbulenz entsteht bei hinreichend hohen Reynolds-Zahlen. Sie verschwindet jedoch stets bei Annäherung an feste und auch an flüssige Phasengrenzen.

Es gibt verschiedene Modelle zur quantitativen Beschreibung des Einflusses der Turbulenz auf die Stoffübertragung. Im folgenden seien die gebräuchlichsten erwähnt.

2.6.1 Das Filmmodell

Ein sehr gebräuchliches ist das sog. **Filmmodell**, von dem bereits in den vorangehenden Abschnitten Gebrauch gemacht wurde. Bei einer Gas-Flüssigkeitsgrenzfläche denkt man sich beiderseits je eine viskose Unterschicht von der Dicke S_g bzw. S_l, in welcher die gesamten Stoffübergangswiderstände als Folge molekularer Diffusion konzentriert sind.

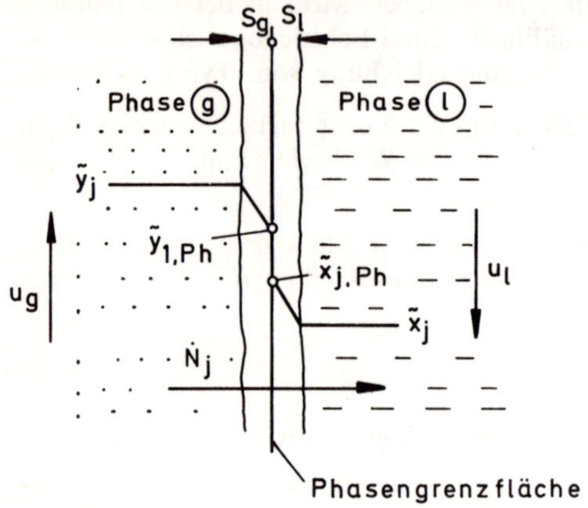

Abb. 2.10 Filmmodell

Außerhalb dieser Unterschichten sorgt die Turbulenz für einen vollständigen Ausgleich der Konzentrationen. Dieses Modell ist sehr beliebt wegen seiner Einfachheit und Anschaulichkeit. Es ist auch qualitativ korrekt, solange die Diffusionskoeffizienten der einzelnen Komponenten in der Mischung gleich sind. Die Filmdicken S_g und S_l müssen aus Experimenten bestimmt werden.

2.6.2 Modell der turbulenten Diffusion

Bei diesem Modell wird von dem Ansatz ausgegangen:

$$\dot{N}_j = -An(\delta_{ji} + \delta_{ji}^{(t)}) \frac{\partial \tilde{z}_j}{\partial s} + \dot{N} \tilde{z}_j. \tag{2.114}$$

Hierin ist $\delta_{ji}^{(t)}$ der sog. **turbulente Diffusionskoeffizient**. Er hängt hauptsächlich von der Strömungsgeschwindigkeit der Gemische und vom Abstand von der Phasengrenzfläche ab. Die Lösung der Gl. (2.114) enthält neben der molekularen Schmidt-Zahl $Sc_j = \nu/\delta_{ji}$ auch die turbulente Schmidt-Zahl $Sc_j^{(t)} = \nu^{(t)}/\delta_{ji}^{(t)}$. Man nimmt an, daß letztere von der Größenordnung 1 ist. Für $\delta_{ji}^{(t)}$ gibt es nun Berechnungsformeln, die aus Experimenten gewonnen wurden. Ihnen ist gemeinsam, daß die $\delta_{ji}^{(t)}$ bei Annäherung an Phasengrenzflächen (in der Regel mit der Steigung Null) verschwinden.

Für einen Rieselfilm z. B. ist der Verlauf von $\delta_{ji}^{(t)}/\delta_{ji}$ über dem Wandabstand s aufgetragen.

Zusätzlich ist auch der Verlauf der **turbulenten** Wärmeleitfähigkeit $\lambda^{(t)}$ eingetragen sowie in der Abb. 2.11 b die zugehörigen Konzentrations- und Temperaturprofile, wie sie sich

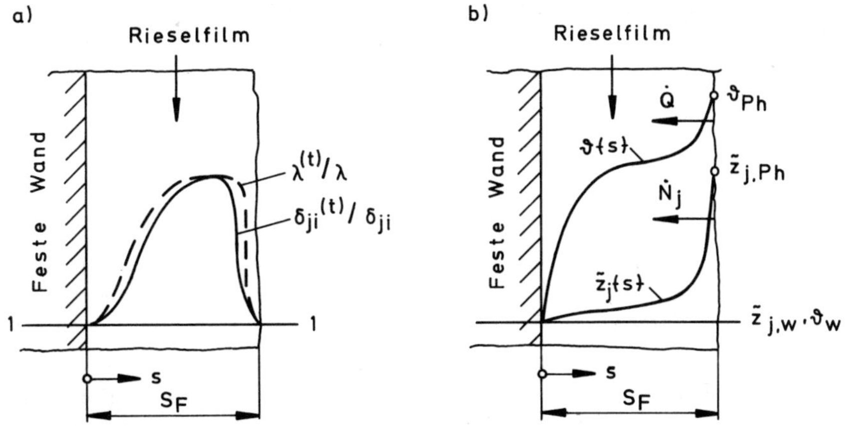

Abb. 2.11 a Verlauf des **turbulenten** Diffusionskoeffizienten $\delta_{ji}^{(t)}$ und der **turbulenten** Wärmeleitfähigkeit $\lambda^{(t)}$ in einem Rieselfilm **b** Verlauf der zugehörigen Konzentrations- und Temperaturprofile

bei der Kondensation von Dampfgemischen ergeben würden. Die $\lambda^{(t)}$- und $\delta^{(t)}$-Verläufe sind in der Regel verschieden, da meist auch die *Sc*- und *Pr*-Zahlen in Flüssigkeiten verschieden sind. Oft ist $Sc = \nu/\delta$ viel größer als $Pr = \nu/\varkappa$.

Neben diesen beiden Modellen gibt es noch eine Reihe weiterer, wie das **Mischungswegmodell**, das auf L. Prandtl (1875–1953) zurückgeht, oder das **Penetrationsmodell**, das **Oberflächenerneuerungsmodell** und andere mehr, die auf Arbeiten von P. V. Danckwerts (1916) zurückgehen. Alle diese Modelle benötigen empirische Anpassungsparameter und es ist mehr eine Frage der Zweckmäßigkeit, welches Modell man im Einzelfall benutzt.

3. Standardfälle der Stoffübertragung

Unter Standardfällen der Stoffübertragung verstehen wir die analytische Beschreibung von Grundoperationen der Verfahrenstechnik, bei denen unter definierten Bedingungen zwischen zwei Phasen Stoffe verschiedener Spezies durch Diffusion ausgetauscht werden.

Im Rahmen dieser Einführung sollen Stoffaustauschvorgänge zwischen gasförmigen und flüssigen Phasen behandelt werden, die einerseits mit Wärmezufuhr (Verdunstung, Verdampfung) oder mit Wärmeabfuhr (Absorption, Kondensation) und andererseits mit chemischen Reaktionen in der flüssigen Phase (chemische Wäsche) verbunden sind.

3.1 Verdunstung von Gemischen

Unter **Verdunstung** versteht man die Verdampfung einer Flüssigkeit in ein inertes Trägergas hinein. Handelt es sich bei der Flüssigkeit um ein Gemisch aus dem einzelne Komponenten bevorzugt heraus verdunsten, so spricht man auch von **Desorption** oder **Strippen**. Die Verdunstung einer reinen Flüssigkeit (Wasser in Luft) wurde bereits in Kap. 1 als einführendes Beispiel behandelt.

Wir wollen jetzt den allgemeineren Fall der Verdunstung von Flüssigkeitsgemischen untersuchen und wählen als Beispiel die Verdunstung eines Alkohol-Wasser-Gemisches in Stickstoff. Ein entsprechender Versuch kann in einem Becherglas durchgeführt werden, wie in Abb. 3.1 dargestellt.

Der Stickstoff strömt in Form aufsteigender Blasen (Sprudelschicht) durch das Flüssigkeitsgemisch hindurch und nimmt dabei durch Verdunstung sowohl Wasser als auch Alkohol auf. Dadurch nimmt die Flüssigkeitsmenge N_l mit der Zeit ab. Sofern das Gefäß gut isoliert ist, wird sich die Flüssigkeitstemperatur ϑ_l auf den Wert der adiabatischen

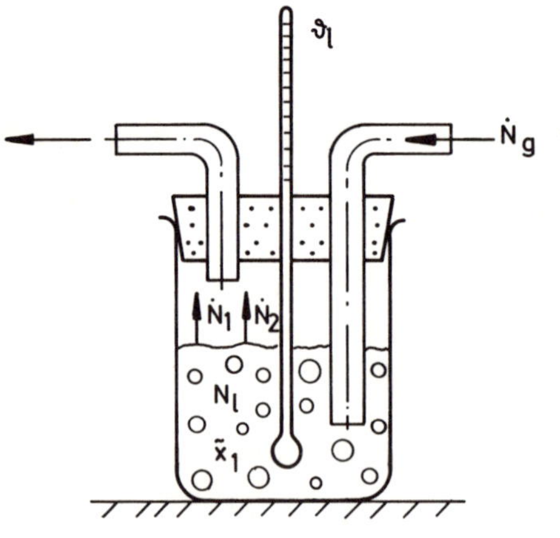

Abb. 3.1 Verdunstung eines Alkohol-Wasser-Gemisches N_l aus einem Becherglas in einen Stickstoff-Strom $\dot{N}_g$

Beharrungstemperatur einstellen. Ist das Gefäß unisoliert, wird die Flüssigkeitstemperatur näher bei der Raumtemperatur liegen. In jedem Fall wird sich ein thermischer Beharrungszustand einstellen, bei dem die Wärmezufuhr gerade den Wärmeverbrauch durch Verdunstung deckt.

Wir wollen nun die Frage stellen, wie sich der Alkoholgehalt der Flüssigkeit während der Verdunstung ändert, d.h. wir suchen die Funktion

$$\tilde{x}_1 = \tilde{x}_1 \{N_l\}. \tag{3.1}$$

Wir wollen uns dabei auf niedrige Konzentrationen des Alkohol- und des Wasserdampfes in der Luft und auf niedrige Verdunstungsgeschwindigkeiten, d.h. niedrige Flüssigkeitstemperaturen ϑ_l beschränken und annehmen, daß an der Phasengrenzfläche stets das thermodynamische Gleichgewicht eingestellt sei, d.h. es ist bei gegebenem Gesamtdruck p

$$\tilde{x}_{\mathrm{j,Ph}} = \tilde{x}_{\mathrm{j}}^* \{\vartheta_l\} \tag{3.2}$$

und

$$\tilde{Y}_{\mathrm{j,Ph}} = \tilde{Y}_{\mathrm{j}}^* \{\vartheta_l\}. \tag{3.3}$$

Außerdem soll der Stickstoff dem Gefäß trocken zugeführt werden, d.h. $\tilde{Y}_{\mathrm{j,ein}} = 0$ sein. Schließlich wollen wir annehmen, daß die Sprudelschicht ideal durchmischt sei, d.h. $\tilde{x}_{\mathrm{j}}$ und $\tilde{Y}_{\mathrm{j}}$ sind allenfalls Funktionen der Zeit, nicht aber des Ortes. Damit sind der Gegenstand der Untersuchung beschrieben und die Frage formuliert.

Zur Beantwortung der Frage $\tilde{x}_1 \{N_l\} = ?$ greifen wir zurück auf
- Erhaltungssätze,
- Gleichgewichtsaussagen und
- kinetische Ansätze.

Zunächst zu den Erhaltungssätzen. Die Mengenbilanzen lauten mit Alkohol = Stoff 1, Wasser = Stoff 2 und Stickstoff = Stoff 3

in der Flüssigkeit

$$-\dot{N}_1 \mathrm{d}t = \mathrm{d}(\tilde{x}_1 N_l) = \tilde{x}_1 \mathrm{d}N_l + N_l \mathrm{d}\tilde{x}_1 \tag{3.4}$$

$$-\dot{N}_2 \mathrm{d}t = \mathrm{d}(\tilde{x}_2 N_l) = \tilde{x}_2 \mathrm{d}N_l + N_l \mathrm{d}\tilde{x}_2 \tag{3.5}$$

und im Gasstrom

$$\dot{N}_1 \mathrm{d}t = \dot{N}_{\mathrm{g}}(\tilde{Y}_1 - 0)\, \mathrm{d}t \tag{3.6}$$

$$\dot{N}_2 \mathrm{d}t = \dot{N}_{\mathrm{g}}(\tilde{Y}_2 - 0)\, \mathrm{d}t. \tag{3.7}$$

Ferner ist

$$\mathrm{d}N_1 + \mathrm{d}N_2 = \mathrm{d}N_l \tag{3.8}$$

$\tilde{x}_{\mathrm{j}}$ sind die **Molenbrüche** in der Flüssigkeit, $\tilde{Y}_{\mathrm{j}}$ sind die **molaren Beladungen** des Stickstoffes. Aus den Gln. (3.4) bis (3.6) folgt als Ergebnis aus den Mengenbilanzen

$$\frac{\mathrm{d}N_l}{N_l} = \frac{\mathrm{d}\tilde{x}_1}{\dfrac{\tilde{Y}_1}{\tilde{Y}_1 + \tilde{Y}_2} - \tilde{x}_1}. \tag{3.9}$$

Diese Gleichung wird integrierbar, sobald ein Zusammenhang zwischen $\tilde{Y}_{\mathrm{j}}$ und $\tilde{x}_{\mathrm{j}}$ hergestellt werden kann. Dazu benutzen wir als nächstes die Gleichgewichtsaussage. Sie lautet unter der Annahme, daß im Gasraum das ideale Gasgesetz angewendet werden darf

$$p_1^*(\vartheta_l) = \gamma_1 p_1^0(\vartheta_l)\, \tilde{x}_1^* \tag{3.10}$$

$$p_2^*(\vartheta_l) = \gamma_2 p_2^0(\vartheta_l)\, \tilde{x}_2^*. \tag{3.11}$$

Hierin sind p_j^0 die Dampfdrücke der jeweiligen Komponenten und γ_j die Aktivitätskoeffizienten. Division beider Gleichungen ergibt

$$\frac{p_1^*/p_2^*}{\tilde{x}_1^*/\tilde{x}_2^*} = \frac{\tilde{Y}_1^*/\tilde{Y}_2^*}{\tilde{x}_1^*/\tilde{x}_2^*} = \alpha_T(\vartheta_l) \tag{3.12}$$

mit

$$\alpha_T(\vartheta_l) = \frac{\gamma_1 p_1^0}{\gamma_2 p_2^0}. \tag{3.13}$$

α_T wird als relative Flüchtigkeit oder auch als **thermodynamischer Trennfaktor** bezeichnet. Er verbindet gemäß den Gln. (3.2) und (3.3) die Konzentrationen $\tilde{Y}_{j,Ph}$ und $\tilde{x}_{j,Ph}$ an der Phasengrenzfläche miteinander. Somit fehlt jetzt noch die Verbindung der Konzentrationen an der Phasengrenzfläche mit denjenigen im Innern der Phasen. Diese wird durch die kinetischen Ansätze hergestellt. Sie lauten gemäß Gl. (2.95) für die Gasphase

$$\dot{N}_j = A_{Ph} n_g \beta_{g,j} \dot{r}_j \ln \frac{\dot{r}_j - \tilde{y}_j}{\dot{r}_j - \tilde{y}_{j,Ph}} \tag{3.14}$$

und für die Flüssigphase

$$\dot{N}_j = A_{Ph} n_l \beta_{l,j} \dot{r}_j \ln \frac{\dot{r}_j - \tilde{x}_{j,Ph}}{\dot{r}_j - \tilde{x}_j}. \tag{3.15}$$

Da $\dot{N}_1 + \dot{N}_2 = \dot{N}$ ist und beide Stoffströme in die gleiche Richtung gehen, sind die $\dot{r}_j$ in der gleichen Größenordnung. Da die Konzentrationen in der Gasphase voraussetzungsgemäß klein sein sollen, d.h. $\tilde{y}_j \ll \dot{r}_j$, vereinfacht sich Gl. (3.14) zu:

$$\dot{N}_j = A_{Ph} n_g \beta_{g,j} (\tilde{y}_{j,Ph} - \tilde{y}_j). \tag{3.14a}$$

Da die Beladungen klein sind, ist praktisch

$$\tilde{y}_j = \frac{\tilde{Y}_j}{1 + \tilde{Y}_j} \cong \tilde{Y}_j \tag{3.16}$$

und wir können schreiben:

$$\dot{N}_j = A_{Ph} n_g \beta_{g,j} (\tilde{Y}_{j,Ph} - \tilde{Y}_j). \tag{3.17}$$

Da $\tilde{Y}_{j,Ph}$ und $\tilde{x}_{j,Ph}$ eliminiert werden müssen, schreiben wir Gl. (3.15) in der Form

$$\tilde{x}_{j,Ph} = \dot{r}_j - (\dot{r}_j - \tilde{x}_j) \exp \frac{\dot{N}}{A_{Ph} n_l \beta_l}. \tag{3.18}$$

Da die Flüssigkeit ein Zweistoffgemisch ist, gilt $\beta_{l,1} = \beta_{l,2} = \beta_l$. Kürzen wir ab mit

$$\exp\left(\frac{\dot{N}}{A_{Ph} n_l \beta_l}\right) = \frac{1}{K_l}, \tag{3.19}$$

worin K_l **„flüssigseitiger kinetischer Trennfaktor"** genannt werden soll, so ist

$$\tilde{x}_{j,Ph} = \frac{K_l - 1}{K_l} \dot{r}_j + \frac{1}{K_l} \tilde{x}_j. \tag{3.20}$$

Verbinden wir nun die kinetischen Ansätze für die Gasphase nach Gl. (3.17) mit den Bilanzen nach den Gln. (3.6) und (3.7), so erhalten wir

$$\dot{N}_g \tilde{Y}_1 = A_{Ph} n_g \beta_{g,1} (\tilde{Y}_{1,Ph} - \tilde{Y}_1), \tag{3.21}$$

$$\dot{N}_g \tilde{Y}_2 = A_{Ph} n_g \beta_{g,2} (\tilde{Y}_{2,Ph} - \tilde{Y}_2). \tag{3.22}$$

Hieraus folgt

$$\frac{\tilde{Y}_1}{\tilde{Y}_2} = \frac{NTU_{g,1}}{1 + NTU_{g,1}} \frac{1 + NTU_{g,2}}{NTU_{g,2}} \frac{\tilde{Y}_{1,Ph}}{\tilde{Y}_{2,Ph}}, \tag{3.23}$$

worin

$$NTU_{g,j} = \frac{A_{Ph} n_g \beta_{g,j}}{\dot{N}_g} \tag{3.24}$$

die Anzahl der gasseitigen Übertragungseinheiten sind. Kürzen wir ab und setzen

$$\frac{NTU_{g,1}}{1 + NTU_{g,1}} \frac{1 + NTU_{g,2}}{NTU_{g,2}} = \frac{1}{K_g}, \tag{3.25}$$

worin K_g **„gasseitiger kinetischer Trennfaktor"** genannt werden soll, so lautet der Zusammenhang zwischen den Konzentrationen an der Phasengrenzfläche und im Gasinneren

$$\frac{\tilde{Y}_1}{\tilde{Y}_2} = \frac{1}{K_g} \frac{\tilde{Y}_{1,Ph}}{\tilde{Y}_{2,Ph}}. \tag{3.26}$$

Schließlich folgt noch aus den Gln. (3.6) und (3.7)

$$\dot{r}_1 = \frac{\dot{N}_1}{\dot{N}_1 + \dot{N}_2} = \frac{\tilde{Y}_1}{\tilde{Y}_1 + \tilde{Y}_2} \tag{3.27}$$

und hieraus mit Gl. (3.26)

$$\dot{r}_1 = \frac{\tilde{Y}_{1,Ph}/\tilde{Y}_{2,Ph}}{K_g + \tilde{Y}_{1,Ph}/\tilde{Y}_{2,Ph}}. \tag{3.28}$$

Da wir an der Phasengrenzfläche thermodynamisches Gleichgewicht angenommen haben, lassen sich in Gl. (3.28) die $\tilde{Y}_{j,Ph}$ durch die $\tilde{Y}_j^*$ und diese nach Gl. (3.5) durch die $\tilde{x}_j^*$ ersetzen und wir erhalten

$$\dot{r}_1 = \frac{\tilde{x}_1^*/\tilde{x}_2^*}{K_g/\alpha_T + \tilde{x}_1^*/\tilde{x}_2^*} = \frac{\tilde{x}_1^*}{K_g/\alpha_T + (1 - K_g/\alpha_T)\,\tilde{x}_1^*}. \tag{3.29}$$

In dieser Gleichung sind enthalten

- die Mengenbilanz,
- das Gleichgewicht und
- der gasseitige Stoffübergang.

Wir eliminieren jetzt noch $\tilde{x}_1^*$ mit Hilfe der Gl. (3.20), die den flüssigseitigen Stoffübergang beschreibt, indem wir dort wiederum $\tilde{x}_{j,Ph}$ mit $\tilde{x}_j^*$ identifizieren:

$$\tilde{x}_1^* = \frac{K_l - 1}{K_l} \dot{r}_1 + \frac{1}{K_l} \tilde{x}_1. \tag{3.30}$$

Dies in Gl. (3.29) eingesetzt, ergibt eine Bestimmungsgleichung für $\dot{r}_1 = \dot{r}_1(\tilde{x}_1)$.

$$\dot{r}_1^2 + p(\tilde{x}_1)\,\dot{r}_1 + q(\tilde{x}_1) = 0 \tag{3.31}$$

mit

$$p(\tilde{x}_1) = -\frac{1 + (1 - K_g/\alpha_T)(\tilde{x}_1 - K_l)}{(1 - K_g/\alpha_T)(1 - K_l)}$$

und

$$q(\tilde{x}_1) = \frac{\tilde{x}_1}{(1 - K_g/\alpha_T)(1 - K_l)}.$$

Fügt man andererseits $\dot{r}$ nach Gl. (3.27) in die Bilanzbeziehung nach Gl. (3.9) ein, so läßt sich diese auch schreiben

$$\frac{N_l}{N_{l,0}} = \exp \int\limits_{x_{1,0}} \frac{\mathrm{d}\tilde{x}_1}{\dot{r}_1(\tilde{x}_1) - \tilde{x}_1}. \qquad (3.32)$$

Hierin sind $N_{l,0}$ die Anfangsmenge und $\tilde{x}_{1,0}$ der anfängliche Alkoholgehalt der Flüssigkeit. Die Integration läßt sich ausführen, wenn man $\dot{r}_1(\tilde{x}_1)$ nach Gl. (3.31) in den Integranden einsetzt. Eine geschlossene Lösung ist nicht bekannt, die Integration muß numerisch ausgeführt werden. Es ist daher zweckmäßig nach Sonderfällen zu suchen, die evtl. in geschlossener Form lösbar sind.

Falls man den flüssigseitigen Stoffübergangswiderstand vernachlässigen darf, d.h. $n_l \beta_l \gg n_g \beta_g$ ist und damit nach Gl. (3.19) $K_l \to 1$ geht, vereinfacht sich Gl. (3.31) zu

$$\dot{r}_1 \left[\frac{K_g}{\alpha_T} + \left(1 - \frac{K_g}{\alpha_T}\right) \tilde{x}_1\right] + \tilde{x}_1 = 0. \qquad (3.31\,\mathrm{a})$$

Dies in Gl. (3.32) eingesetzt, ergibt

$$\frac{N_l}{N_{l,0}} = \exp \int\limits_{x_{1,0}} \frac{K_g/\alpha_T + \tilde{x}_1(1 - K_g/\alpha_T)}{\tilde{x}_1(1 - \tilde{x}_1)(1 - K_g/\alpha_T)} \mathrm{d}\tilde{x}_1. \qquad (3.33)$$

Sieht man K_g/α_T als konstant an, so hat Gl. (3.33) die Lösung

$$\frac{N_l}{N_{l,0}} = \left(\frac{\tilde{x}_1}{1 - \tilde{x}_1} \frac{1 - \tilde{x}_{1,0}}{\tilde{x}_{1,0}}\right)^{\frac{K_g/\alpha_T}{1 - K_g/\alpha_T}} \frac{1 - \tilde{x}_{1,0}}{1 - \tilde{x}_1}. \qquad (3.34)$$

Man erkennt, daß je nachdem ob K_g/α_T größer oder kleiner 1 ist, der Alkoholgehalt in der Flüssigkeit während der Verdunstung sowohl zu- als auch abnehmen kann. Unterhalb des azeotropen Punktes ist $\alpha_T > 1$. Andererseits ist aber auch das Verhältnis der gasseitigen Stoffübergangskoeffizienten $\beta_{g,2}/\beta_{g,1} > 1$, da Wasserdampf als wesentlich leichteres Molekül schneller in Stickstoff diffundiert als Alkohol. (Wasser diffundiert in Stickstoff etwa 3mal schneller als z.B. Propanol.) Setzt man zur Abschätzung (nach dem verbesserten Filmmodell, s. S. 51)

$$\frac{\beta_{g,2}}{\beta_{g,1}} \cong \sqrt{\frac{\delta_{g,23}}{\delta_{g,13}}},$$

so ergibt das Verhältnis der Stoffübergangskoeffizienten etwa den Wert 1,7 für Propanol-Wasser.

Nach Gl. (3.34) kommt es auf das Verhältnis K_g/α_T an. K_g hängt indessen nicht nur von den Stoffübergangskoeffizienten, sondern auch vom Stickstoff-Durchsatz ab. Nach Gl. (3.25) gilt

$$\lim_{N_g \to \infty} K_g = \frac{\beta_{g,2}}{\beta_{g,1}} \cong 1{,}7$$

und

$$\lim_{N_g \to 0} K_g = 1.$$

Im letzteren Fall verläßt der Stickstoff das Gefäß vollständig mit Alkohol und Wasserdampf gesättigt. Die Stoffübertragung ist ohne Einfluß auf die Funktion $N_l(\tilde{x}_1)$, der Verdunstungsvorgang wird allein durch die relative Flüchtigkeit α_T beeinflußt.

Ist $K_g = \alpha_T$, so heben sich die kinetisch, d. h. durch K_g bedingte Selektivität der Verdunstung und die thermodynamisch, d. h. durch α_T bedingte gerade auf; die Konzentration $\tilde{x}_1$ bleibt während des gesamten Verdunstungsvorganges konstant.

Ein anderer Grenzfall liegt dann vor, wenn der flüssigseitige Stoffübergangswiderstand dominiert, d. h. $\beta_l \to 0$ und damit $K_l \to 0$ gehen. Für diesen Fall folgt aus Gl. (3.31), aber auch unmittelbar aus Gl. (3.20)

$$\dot{r}_1 = \tilde{x}_1.$$

Daraus folgt auch

$$\frac{\tilde{Y}_1}{\tilde{Y}_1 + \tilde{Y}_2} = \tilde{x}_1.$$

Das heißt jedoch, daß in der Gasphase Alkohol und Wasserdampf im gleichen Verhältnis enthalten sind wie in der Flüssigkeit. Dann aber kann sich die Zusammensetzung der Flüssigkeit während der Verdunstung nicht ändern. Man erkennt dies unmittelbar anhand Gl. (3.9), die umgeformt lautet

$$\frac{d\tilde{x}_1}{d \ln N_l} = \dot{r}_1 - \tilde{x}_1. \tag{3.35}$$

Falls $\dot{r}_1 = \tilde{x}_1$ ist, ist $d\tilde{x}_1 = 0$.

Wir fassen zusammen:

Bei der Verdunstung eines binären Flüssigkeitsgemisches in einen inerten Trägergasstrom wird der Flüssigkeit bevorzugt die leichter flüchtige Komponente entzogen, wenn der Prozeß **thermodynamisch kontrolliert** ist. Dies ist immer der Fall, wenn der Inertgasstrom hinreichend niedrig ist, so daß derselbe den Kontaktapparat im Sättigungszustand, d. h. im thermodynamischen Gleichgewicht mit der Flüssigkeit verläßt.

Verläßt der Inertgasstrom den Kontaktapparat ungesättigt, was immer der Fall ist, wenn der Inertgasstrom hinreichend groß ist, dann ist nicht nur das thermodynamische Gleichgewicht, sondern auch die **Stoffübertragung** von Einfluß auf die Selektivität des Verdunstungsprozesses.

Liegt der gesamte Stoffübergangswiderstand ausschließlich in der Gasphase, so wird die Selektivität zugunsten der leichter flüchtigen Komponente noch verstärkt, falls diese Komponente auch schneller im Trägergas diffundiert als die schwerer flüchtige Komponente. Diffundiert sie hingegen langsamer – was beim System Alkohol/Wasser/Stickstoff zutrifft – so verschiebt sich die Selektivität zugunsten der schwerer flüchtigen Komponente. Dieser Effekt, der sich mit zunehmender Ungesättigtheit des Abgasstromes steigert, kann so weit gehen, daß sich die Selektivität umkehrt und bevorzugt die schwerer flüchtige Komponente der Flüssigkeit entzogen wird.

Liegt der gesamte Stoffübergangswiderstand in der flüssigen Phase, so verschwindet jegliche Selektivität des Verdunstungsprozesses; die Konzentration der Flüssigkeit bleibt während der Verdunstung konstant. Dabei kommt es nicht allein auf die Diffusionsgeschwindigkeit in der flüssigen Phase, sondern auch auf die absolute Höhe der Verdunstungsgeschwindigkeit $\dot{N}/A_{Ph}$ an; denn es ist $K_l = \dot{N}/A_{Ph} n_l \beta_l$. Sie hat die gleiche Wirkung wie ein großer Stoffübergangswiderstand $1/n_l \beta_l$, d.h. **auch bei hinreichend hoher Verdunstungsgeschwindigkeit verschwindet die Selektivität!**

Diese Zusammenhänge sind in Form der **Eindampfkurven** $N_l(\tilde{x}_1)$ in Abb. 3.2 für verschiedene Parameter K_g/α_T und K_l dargestellt.

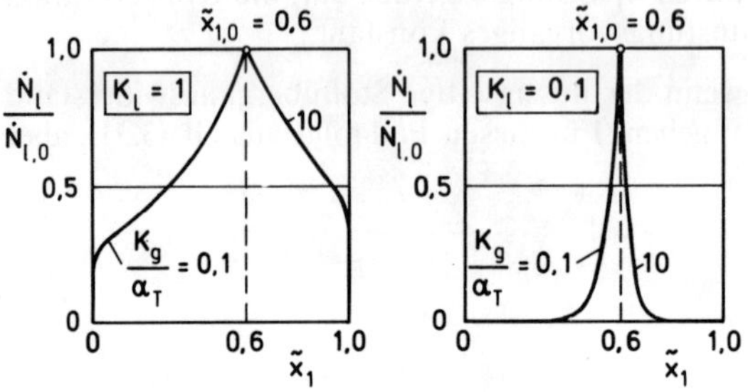

Abb. 3.2 Eindampfkurven bei der Verdunstung eines binären Flüssigkeitsgemisches in einen Inertgasstrom, berechnet nach den Gln. (3.31) und (3.32)

Indessen gelten diese Schlußfolgerungen zunächst nur für die Verdunstung eines Zweistoffgemisches. Bei Mehrstoffgemischen kann durchaus auch die Diffusion in der flüssigen Phase eine selektive Verdunstung bewirken. Wir wollen dies studieren, indem wir den oben beschriebenen Versuch etwas abwandeln und der flüssigen Phase einen dritten Stoff mit vernachlässigbar niedrigem Dampfdruck, z.B. Glycerin, zusetzen. Die Molenbrüche von Alkohol und Wasser in der flüssigen Mischung mögen hinreichend klein sein, so daß beide Stoffe im Glycerin unabhängig voneinander diffundieren. Sodann können die kinetischen Ansätze für den Stoffübergang aus der flüssigen Phase heraus in der Form

$$\dot{N}_1 = A_{Ph} n_{l,3} \beta_{l,1} (\tilde{X}_1 - \tilde{X}_1^*) \tag{3.36a}$$

$$\dot{N}_2 = A_{Ph} n_{l,3} \beta_{l,2} (\tilde{X}_2 - \tilde{X}_2^*) \tag{3.36b}$$

angeschrieben werden.

$n_{l,3}$ ist die molare Dichte des Glycerins (Stoff (3) in der flüssigen Phase), $\tilde{X}_j$ sind die molaren Beladungen des Glycerins mit Alkohol bzw. Wasser. Mit den Ansätzen für den Stoffübergang in die Gasphase hinein, in der Alkohol und Wasser ebenfalls stark verdünnt sein sollen,

$$\dot{N}_1 = A_{Ph} n_{g,3} \beta_{g,1} (\tilde{Y}_1^* - \tilde{Y}_1) \tag{3.37a}$$

$$\dot{N}_2 = A_{Ph} n_{g,3} \beta_{g,2} (\tilde{Y}_2^* - \tilde{Y}_2) \tag{3.37b}$$

und der Bedingung für das Phasengleichgewicht an der Phasengrenze. K_j sind die im allgemeinen konzentrationsabhängigen Gleichgewichtskonstanten, die mit Hilfe von Gl. (3.10) berechnet werden können

$$\tilde{Y}_1^* = K_1 \tilde{X}_1^* \tag{3.38a}$$

$$\tilde{Y}_2^* = K_2 \tilde{X}_2^* \tag{3.38b}$$

sowie den Mengenbilanzen

$$\dot{N}_1 + N_{l,3}\frac{d\tilde{X}_1}{dt} = 0 \tag{3.39a}$$

$$\dot{N}_2 + N_{l,3}\frac{d\tilde{X}_2}{dt} = 0 \tag{3.39b}$$

$$\dot{N}_1 + \dot{N}_{g,3}(0 - \tilde{Y}_1) = 0 \tag{3.39c}$$

$$\dot{N}_2 + \dot{N}_{g,3}(0 - \tilde{Y}_2) = 0, \tag{3.39d}$$

erhält man nach algebraischen Umformungen und Integration für konstante K_j folgenden Zusammenhang:

$$\frac{\tilde{X}_1}{\tilde{X}_{1,0}} = \left(\frac{\tilde{X}_2}{\tilde{X}_{2,0}}\right)^{C_{12}}, \tag{3.40a}$$

worin

$$C_{12} = \frac{K_1}{K_2}\frac{\beta_{g,1}}{\beta_{g,2}}\frac{1+\mathrm{NTU}_{g,2}}{1+\mathrm{NTU}_{g,1}}\frac{1+\dfrac{n_{g,3}\beta_{g,2}}{n_{l,3}\beta_{l,2}}\dfrac{K_2}{1+\mathrm{NTU}_{g,2}}}{1+\dfrac{n_{g,3}\beta_{g,1}}{n_{l,3}\beta_{l,1}}\dfrac{K_1}{1+\mathrm{NTU}_{g,1}}} \tag{3.40b}$$

ist. $\tilde{X}_{1,0}$ und $\tilde{X}_{2,0}$ sind die Anfangsbeladungen des Glycerins mit Alkohol bzw. Wasser. Ist $C_{12} = 1$, so ist die Verdunstung nicht selektiv, die Beladungen $\tilde{X}_1$ und $\tilde{X}_2$ nehmen im gleichen Verhältnis ab. Bei $C_{12} > 1$ wird bevorzugt die Komponente 2 entzogen, bei $C_{12} < 1$ ist es umgekehrt. Abb. 3.3 veranschaulicht dies.

Abb. 3.3 Selektivitätsdiagramm für die Verdunstung eines Zweistoffgemisches aus einer hochsiedenden Flüssigkeit

Der Selektivitätsparameter C_{12} hängt insgesamt von **sieben** Einflußgrößen ab, nämlich zwei Gleichgewichtskonstanten K_1 und K_2, je zwei Stoffübergangskoeffizienten in der flüssigen und gasförmigen Phase $\beta_{g,1}$, $\beta_{g,2}$, $\beta_{l,1}$ und $\beta_{l,2}$ solwie der relativen Verweilzeit des Strippgases $V_g/\dot{V}_g$, die in die $\mathrm{NTU}_{g,j}$ eingeht, ab. Man kann diese Größen formal zu **Stoffdurchgangskoeffizienten** k_j zusammenfassen, wenn man diese wie folgt definiert:

$$\frac{1}{k_1} = \frac{1}{n_{g,3}\beta^*_{g,1}} + \frac{1}{n_{l,3}\beta_{l,1}} \tag{3.41a}$$

$$\frac{1}{k_2} = \frac{1}{n_{g,3}\beta^*_{g,2}} + \frac{1}{n_{l,3}\beta_{l,2}}, \tag{3.41b}$$

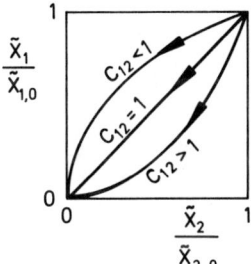

worin

$$\beta^*_{g,1} = \frac{K_1}{1 + \mathrm{NTU}_{g,1}} \beta_{g,1} \tag{3.42a}$$

$$\beta^*_{g,2} = \frac{K_2}{1 + \mathrm{NTU}_{g,2}} \beta_{g,2} \tag{3.42b}$$

sind. Damit wäre dann $C_{12} = k_1/k_2$. Indessen trägt eine solche Zusammenfassung nicht unbedingt zum Verständnis der Abhängigkeit des Selektivitätsparameters C_{12} von den sieben Einflußgrößen bei. Zweckmäßiger scheint es, einige Sonderfälle der Gl. (3.40a, b) zu betrachten.

Fall I

$$\mathrm{NTU}_{g,j} \to \infty : C_{12} = \frac{K_1}{K_2} = \alpha_T. \tag{3.40c}$$

Der Strippgasdurchsatz ist gering, das Abgas ist gesättigt, die Selektivität ist **thermodynamisch** kontrolliert. (Die **Stoffdurchgangskoeffizienten** k_j wären in diesem Falle identisch mit den Gleichgewichtskonstanten K_j!)

Fall II

$$\mathrm{NTU}_{g,j} \to 0: \; C_{12} = \frac{K_1}{K_2} \frac{\beta_{g,1}}{\beta_{g,2}} \frac{1 + K_2 n_{g,3} \beta_{g,2}/n_{l,3} \beta_{l,2}}{1 + K_1 n_{g,3} \beta_{g,1}/n_{l,3} \beta_{l,1}}. \tag{3.40d}$$

Der Strippgasdurchsatz ist hoch, das Abgas ist ungesättigt.

Fall II a

$$\frac{K_j n_{g,3} \beta_{g,j}}{n_{l,3} \beta_{l,j}} \to 0: \; C_{12} = \frac{K_1}{K_2} \frac{\beta_{g,1}}{\beta_{g,2}}. \tag{3.40e}$$

Der flüssigseitige Stoffübergangswiderstand ist viel geringer als der gasseitige multipliziert mit den Gleichgewichtskonstanten. Die Selektivität wird vom Verhältnis der gasseitigen Stoffübergangskoeffizienten kontrolliert.

Fall II b

$$\frac{K_j n_{g,3} \beta_{g,j}}{n_{l,3} \beta_{l,j}} \to \infty : \; C_{12} = \frac{\beta_{l,1}}{\beta_{l,2}}. \tag{3.40f}$$

Hier dominiert der flüssigseitige Stoffübergangswiderstand; Gleichgewichtskonstanten (d. h. Dampfdrücke) und gasseitige Diffusion spielen in diesem Falle keine Rolle.

Vorgänge wie das Desorbieren von Gemischen aus einer inerten Trägerflüssigkeit spielen u. a. bei der Trocknung von Lebensmitteln und Pharmazeutika eine Rolle, wo man z. B. selektiv das Wasser entfernen möchte, andere Wertstoffe (Aroma) jedoch nicht.

Beispiel 3.1

Ein Gemisch aus *i*-Propanol (1) und Wasser (2) wird ständig von einem Tank in eine Rieselfilmsäule gepumpt, von wo es wieder in den Tank zurückläuft. Parallel dazu strömt durch die Rieselfilmsäule trockene, vorgewärmte Luft. Dadurch verdunstet ein Teil der

Flüssigkeit, der Tankinhalt nimmt mit der Zeit ab. Die Frage lautet, ob dabei der Propanol-Gehalt zu- oder abnimmt?

Das Gemisch hat bei 66 % (Stoffmengengehalt) *i*-Propanol einen azeotropen Punkt. Der Anfangsmolenbruch betrage 60 % (Stoffmengengehalt). Die relative Flüchtigkeit läßt sich in diesem Bereich durch eine empirische Beziehung von der Form

$$\alpha_T = \frac{a}{\tilde{x}_1} + b,$$

mit $a = 0{,}95$ und $b = -0{,}45$ wiedergeben. Die umgewälzte Flüssigkeitsmenge ist so groß, daß die Konzentration im gesamten Flüssigkeitskreislauf zu jedem Zeitpunkt gleich groß ist.

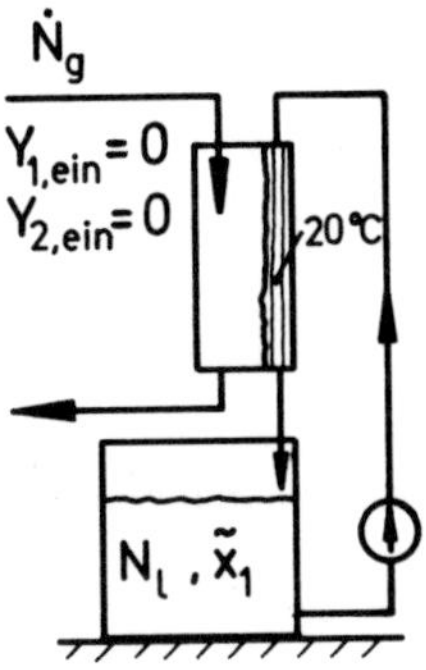

Die gasseitigen Stoffübergangskoeffizienten verhalten sich wie die Quadratwurzeln aus den Diffusionskoeffizienten (Grenzschichtströmung) $\beta_{g,1}/\beta_{g,2} = \sqrt{(\delta_{g,12}/\delta_{g,23})} = 0{,}62$. Der flüssigseitige Stoffübergangskoeffizient beträgt $\beta_l = 10^{-4}$ m/s. Die Eintrittstemperatur der Luft wird so gewählt, daß die adiabatische Beharrungstemperatur der Flüssigkeit gleich 20 °C ist (Raumtemperatur). Der Luftdurchsatz wird so variiert, daß die $NTU_{g,j}$ zwischen 5 und 0,10 liegen.

Lösung:

Es handelt sich hier um eine Anwendung der Gln. (3.31) und (3.32). Zunächst sollte der Einfluß des flüssigseitigen Stoffübergangswiderstandes abgeschätzt werden (Gl. (3.19)). Der Gemischdampfdruck beträgt bei 20 °C etwa 0,04 bar (30 Torr, wie Wasser).

Wärmeübergangskoeffizienten an strömende Gase bei Normaldruck liegen in der Größenordnung von 20 W/m^2 K. Entsprechende Stoffübergangskoeffizienten folgen dann nach dem Lewisschen Gesetz (für Wasser) zu etwa $20 \cdot 10^{-3}$ m/s (für Propanol wäre er niedriger). Dies ergibt einen Verdunstungsstrom $\dot{N}$ in trockene Luft von $(\dot{N}_1 + \dot{N}_2)/A_{Ph} = n_g \beta_g (p_1^*/p - 0) = 28 \cdot 10^{-6}$ kmol/m^2 s. Daraus folgen mit $n_l = 20$ kmol/m^3: $(\dot{N}_1 + \dot{N}_2)/A_{Ph} n_l \beta_l = 0{,}016$ und $K_l = 0{,}99$. Offensichtlich darf der flüssigseitige Stoffübergangswiderstand unter diesen Bedingungen vernachlässigt werden.

Im nächsten Schritt ist K_g zu berechnen. Während Gl. (3.25) für den gasseitig ideal durchmischten Zustand gilt, liegt in der Rieselfilmsäule eher eine Kolbenströmung der Gasphase vor. Dafür erhält man

$$K_g = \frac{1 - \exp(-NTU_{g,1})}{1 - \exp(-NTU_{g,2})}.$$

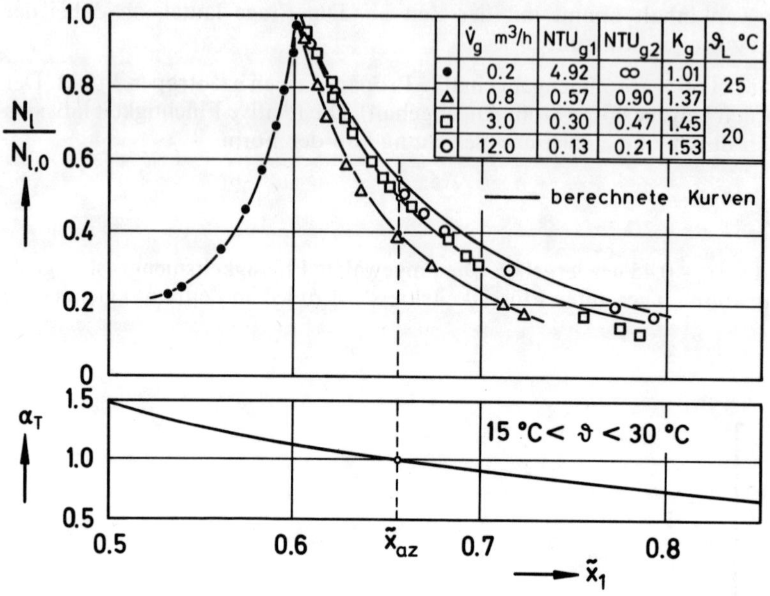

Abb. 3.4 Experimentelle Ergebnisse der Schleppmitteldestillation von Isopropanol-Wasser-Gemischen

Schließlich liefert die Integration der Gl. (3.32) zusammen mit α_T nach obiger Näherung:

$$\frac{N_l}{N_{l,0}} = \left(\frac{\tilde{x}_1 + \dfrac{b}{a - K_g}}{\tilde{x}_{1,o} + \dfrac{b}{a - K_g}} \right)^{\frac{K_g}{a+b-K_g}} \left(\frac{\tilde{x}_{1,0} - 1}{\tilde{x}_1 - 1} \right)^{\frac{a+b}{a+b-K_g}}.$$

Abb. 3.4 zeigt die berechnete Funktion $N_l/N_{l,0} = f(\tilde{x}_1)$ für verschiedene Luftdurchsätze. Zum Vergleich sind einige Meßpunkte, die an einer Laborapparatur gewonnen wurden[8], eingetragen. Man erkennt, daß die Selektivität für niedrige Luftdurchsätze thermodynamisch kontrolliert ist, der Propanol-Gehalt nimmt ab.

Für hohe Luftdurchsätze kehren sich die Verhältnisse um, der Propanolgehalt nimmt zu. Dies liegt daran, daß der gasseitige Stoffübergangskoeffizient des Wasserdampfes etwa 60% größer ist als der des Propanol-Dampfes. Bei einem Anfangsmolenbruch der Flüssigkeit von $\tilde{x}_{1,0} = 0{,}60$ reicht dieser Effekt aus, die Selektivität der Desorption umzukehren. Man spricht von kinetisch kontrollierter Selektivität.

Beispiel 3.2

Wodurch wird die Selektivität der Desorption eines *i*-Propanol-Wassergemisches aus Glycerin bestimmt, wenn mit großen Luftüberschuß bei 20 °C Flüssigkeitstemperatur und 1 bar Gesamtdruck desorbiert wird?

Lösung:

Es liegt der Fall II, Gl. (3.40e) oder 3.40f vor. Die Dampfdrücke der reinen Komponenten liegen bei 0,04 bar. Setzten wir zur Abschätzung $K_j = p_j^0/p$, so liegen diese Werte in der

Größenordnung von $30/750 = 0{,}04$. Mit $n_{g,3} \cong 1/24\ \mathrm{kmol/m^3}$, $\beta_g \cong 20 \cdot 10^{-3}\ \mathrm{m/s}$, $n_{l,3} \cong 13{,}6\ \mathrm{kmol/m^3}$ und $\beta_l \cong 10^{-4}\ \mathrm{m/s}$ folgt $K_1 n_{g,3} \beta_{g,1}/n_{l,3} \beta_{l,1} = 0{,}025 \ll 1$. Daraus folgt, daß der flüssigseitige Stoffübergangswiderstand keine Rolle spielt und der Fall IIa vorliegt:

$$C_{12} = \frac{K_1}{K_2} \frac{\beta_{g,1}}{\beta_{g,2}} = \alpha_T \frac{\beta_{g,1}}{\beta_{g,2}}.$$

Beispiel 3.3

Wasser (3) sei zur Hälfte mit CO_2 (1) und zur Hälfte mit H_2S (2) gesättigt. Wie ändert sich das Konzentrationsverhältnis beim Strippen mit wasserdampfgesättigter Luft bei 20 °C? Die Löslichkeiten betragen:

$$\lambda_1 = 0{,}85 \cdot 10^{-3}\ \mathrm{m_N^3\ CO_2/kg\ H_2O\ bar}$$

$$\lambda_2 = 2{,}51 \cdot 10^{-3}\ \mathrm{m_N^3\ H_2S/kg\ H_2O\ bar}.$$

Die Stoffübergangskoeffizienten haben die gleichen Zahlenwerte wie in Beispiel 3.2. Die Absorption von Luft durch das Wasser sei vernachlässigt.

a) Die Luft verläßt die Apparatur nach Abb. 3.1 mit CO_2 und H_2S gesättigt;
b) es wird mit großem Luftüberschuß desorbiert.

Lösung:

a) $$\frac{V_j^0}{M_{l,3}} = \lambda_j p_j$$

$$\tilde{X}_j^* = \frac{V_j^0}{M_{l,3}} \tilde{M}_3 n_g^0$$

$$\tilde{Y}_j^* = p_j/(p - \sum p_i) \cong p_j/p, \qquad \text{da alle } p_i \ll p.$$

Hieraus folgt $K_j = Y_j^*/X_j^* = 1/\lambda_j p \tilde{M}_{l,3} n_g^0$;

mit $p = 1$ bar,

$\tilde{M}_{l,3} = 18$ kg/kmol,

$n_g^0 = 1/22{,}4\ \mathrm{kmol/m_N^3}$.

$K_1 = 1464$ und $K_2 = 496$.

Es liegt der Fall I, Gl. (3.40c) vor, d.h. $C_{12} = K_1/K_2 = 2{,}95$.

Wenn die H_2S-Konzentration noch 50% ihres Anfangswertes hat, ist die CO_2-Konzentration auf $0{,}50^{2{,}95} \cdot 100\,\% = 12{,}9\,\%$ ihres Anfangswertes abgesunken. Das CO_2 wird also bevorzugt desorbiert.

b) Es sind

$$K_1 n_{g,3} \beta_{g,1}/n_{l,3} \beta_{l,1} = 219{,}8$$

$$K_2 n_{g,3} \beta_{g,2}/n_{l,3} \beta_{l,2} = 74{,}5,$$

wenn man näherungsweise $\beta_{g,1} = \beta_{g,2}$ und $\beta_{l,1} = \beta_{l,2}$ setzt.

($\delta_{g,13} = 0{,}15\ \mathrm{cm^2/s}$, $\delta_{g,23} = 0{,}18\ \mathrm{cm^2/s}$ und

$\delta_{l,13} = 1{,}6 \cdot 10^{-5}\ \mathrm{cm^2/s}$, $\delta_{l,23} = 1{,}3 \cdot 10^{-5}\ \mathrm{cm^2/s}$).

Nach Gl. (3.40f) ist damit $C_{12} = \beta_{l,1}/\beta_{l,2} = 1$. Die Desorption ist völlig unselektiv! Die Flüssigkeitsbeladungen an der Phasengrenzfläche X_j^* sind praktisch gleich Null.

Beispiel 3.4

Die in Abb. 3.1 dargestellte Versuchsapparatur wird mit einer in der Flüssigkeitsoberfläche schwimmenden, porösen Platte von 5 mm Dicke versehen. Die Flüssigkeit verdunstet an der Oberfläche der luftbespülten Platte und wird aus dem unter der schwimmenden Platte befindlichen, stets ideal durchmischten Flüssigkeitsvorrat durch Kapillarkräfte nachgesaugt.

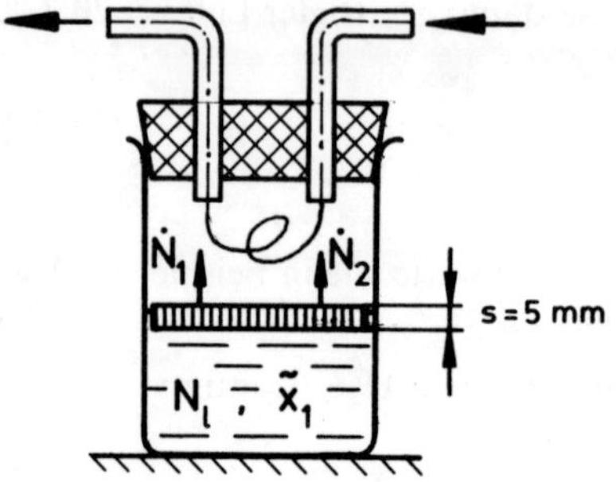

Welche Selektivität ergibt sich für die Verdunstung eines Isopropanol-Wassergemisches in trockene Luft?

Der Verdunstungsstrom betrage

$$(\dot{N}_1 + \dot{N}_2)/A_{Ph} \cong 30 \cdot 10^{-6}\ \text{kmol/m}^2\,\text{s} \qquad \text{(Verdunstung bei 20 °C)}.$$

Es ist $\beta_l = \delta_l/\mu s$, worin μ der Diffusionswiderstandsfaktor der porösen Platte ist. Mit $\mu \cong 10$ und $\delta_l = 10^{-5}\ \text{cm}^2/\text{s}$ folgt $\beta_l = 2 \cdot 10^{-8}\ \text{m/s}$.

Damit wird mit $n_l \cong 30\ \text{kmol/m}^3$ $(\dot{N}_1 + \dot{N}_2)/A_{Ph} n_l \beta_l = 50$ und $K_L = 1{,}9 \cdot 10^{-22}$.

Daraus folgt, daß die Verdunstung völlig β_l-kontrolliert ist und die Selektivität somit verschwindet.

Dies bedeutet auch, daß die Trocknung kapillarporöser Feststoffe, die mit binären Lösungsmittelgemischen beladen sind, bei großem Luftüberschuß kaum selektiv ist. Ist indessen die Abluft gesättigt, wie z. B. am Ende längerer, luftdurchströmter Festbetten, so kann die Trocknung nach Maßgabe der relativen Flüchtigkeit wieder selektiv werden.

3.2 Diffusionsdestillation

Destilliert man Gemische bei Anwesenheit eines Inertgases, so wird die Selektivität der Destillation nicht nur durch die Flüchtigkeiten, sondern auch von den Stoffübergangskoeffizienten der Komponenten bestimmt. Abb. 3.5 zeigt eine Laborapparatur zur Durchführung der Diffusionsdestillation.

In einem beheizten Becherglas wird ein Flüssigkeitsgemisch verdampft, an einem verdunstungsgekühlten Deckel (Uhrglas) niedergeschlagen und in einem Kondensatsammelbehälter aufgefangen. Die Verdampfung wird unterhalb der Siedetemperatur durchgeführt, so daß der Dampfraum teilweise mit Luft gefüllt ist. Welche Zusammensetzung hat das Kondensat $\tilde{x}_{1K}$, wenn die Zusammensetzung des Blaseninhaltes $\tilde{x}_{1B}$, vorgegeben ist?

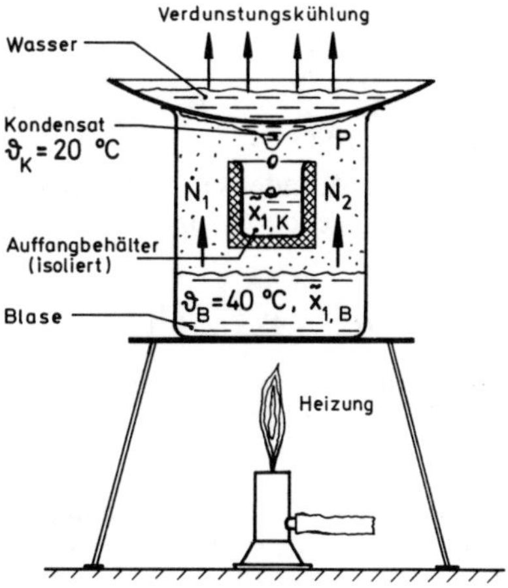

Abb. 3.5 Laborapparatur zur Durchführung der Diffusionsdestillation

Die Verdampfungsgeschwindigkeit betrage ca. $60 \cdot 10^{-6}$ kmol/m^2 s oder anschaulich: bei einer mittleren molaren Dichte der Flüssigkeit von 20 kmol/m^3 sinkt der Flüssigkeitsspiegel mit einer Geschwindigkeit von $v_l = 3 \cdot 10^{-6}$ m/s $= 1{,}08$ mm/h ab. Daraus folgt, daß $K_l = \exp(-v_l/\beta_l)$ praktisch gleich eins ist, wenn man $\beta_l = 10^{-4}$ m/s setzt, d.h. der flüssigseitige Stoffübergangswiderstand darf vernachlässigt werden.

Ferner sei die Verdampfungstemperatur so niedrig gewählt, daß die gasseitigen Stoffübergangskoeffizienten $\beta_{g,j} = \beta_{g,j}$ gesetzt werden dürfen ($p_j \ll p$). Sodann folgt aus der Mengenbilanz

$$\frac{\dot{N}_1}{\dot{N}_1 + \dot{N}_2} = \tilde{x}_{1,K}. \tag{3.43}$$

den Phasengleichgewichten an den Phasengrenzen

$$\begin{aligned} \tilde{y}^*_{j,K} &= K_{j,K}\,\tilde{x}_{j,K} \\ K_{j,K} &= \gamma_{j,K}\,p^0_{j,K}/p \end{aligned} \tag{3.44a}$$

$$\begin{aligned} \tilde{y}^*_{j,B} &= K_{j,B}\,\tilde{x}_{j,B} \\ K_{j,B} &= \gamma_{j,B}\,p^0_{j,B}/p \end{aligned} \tag{3.44b}$$

und den kinetischen Ansätzen für den Stoffübergang in der Gasphase

$$\dot{N}_1 = A_{Ph}\,n_g\,\beta_{g,1}(\tilde{y}^*_{1B} - \tilde{y}^*_{1K}) \tag{3.45a}$$

$$\dot{N}_2 = A_{Ph}\,n_g\,\beta_{g,2}(\tilde{y}^*_{2B} - \tilde{y}^*_{2K}) \tag{3.45b}$$

der Zusammenhang zwischen der Kondensatkonzentration $\tilde{x}_{1K}$ und der Blasenkonzentration $\tilde{x}_{1B}$:

$$\tilde{x}_{1K} = \frac{1}{2}\left[1 + \frac{(C_0 - 1)\,\tilde{x}_{1B} + 1}{C_0 C_1 - C_2}\right] \cdot \left\{1 \pm \sqrt{1 - \frac{4 C_0 \tilde{x}_{1B}}{(C_0 C_1 - C_2)\left[1 + \dfrac{(C_0 - 1)\,\tilde{x}_{1B} + 1}{C_0 C_1 - C_2}\right]^2}}\right\}, \tag{3.46a}$$

worin

$$C_0 = \frac{K_{1B}\,\beta_{g,1}}{K_{2B}\,\beta_{g,2}}, \quad C_1 = \frac{K_{1K}}{K_{1B}} \quad \text{und} \quad C_2 = \frac{K_{2K}}{K_{2B}} \tag{3.46 b}$$

sind. Ist die Kondensationstemperatur ϑ_K wesentlich niedriger als die Verdampfungstemperatur, so gehen C_1 und C_2 gegen Null und Gl. (3.46) vereinfacht sich zu

$$\tilde{x}_{1K} = \frac{C_0\,\tilde{x}_{1B}}{(C_0 - 1)\,\tilde{x}_{1B} + 1}. \tag{3.46 c}$$

Der Parameter C_0, der von der relativen Flüchtigkeit und den Stoffübergangskoeffizienten in der Gasphase abhängt, steuert die Richtung der Selektivität. Ist er größer als eins, so ist $\tilde{x}_{1K} > \tilde{x}_{1B}$; ist er kleiner als eins, so ist $\tilde{x}_{1K} < \tilde{x}_{1B}$.

Die Parameter C_1 und C_2, die hauptsächlich vom Temperaturunterschied zwischen Blase und Kondensator abhängen, steuern den Betrag der Selektivität $(\tilde{x}_{1K} - \tilde{x}_{1B})$. Falls $C_1 = C_2 = 1$ ist, d.h. $\vartheta_K = \vartheta_B$, so ist $\tilde{x}_{1K} = \tilde{x}_{1B}$, d.h. die Selektivität verschwindet. Sind diese beiden Parameter gleich Null, wird die Selektivität maximal.

Abb. 3.6 zeigt $\tilde{x}_{1K} = f(\tilde{x}_{1B})$ für das Gemisch Isopropanol-Wasser, das bei 66% (Stoffmengengehalt) einen azeotropen Punkt hat. Für dieses Gemisch ist mit Luft als Inertgas $\beta_{g,1}/\beta_{g,2} = \sqrt{\delta_{g,13}/\delta_{23}} = 0{,}62$. Somit ist $C_0 = 0{,}62\,K_{1B}/K_{2B}$.

Man erkennt, daß die Anwesenheit der Luft im Dampfraum das Gleichgewichtsazeotrop von $\tilde{x}_{1GA} = 0{,}66$ zum sog. Beharrungsazeotrop $\tilde{x}_{1BA} = 0{,}40$ hin verschiebt. Dies bietet die Möglichkeit, azeotrope Gemische von der Zusammensetzung $\tilde{x}_{1GA}$ im Wege der Diffusionsdestillation zu trennen [9].

Anzumerken ist, daß die linearen Ansätze für die Stoffübertragung nach Gl. (3.46 a, b) nur für hinreichend kleine Molenbrüche $\tilde{y}_j^*$ gelten. Bei höheren Blasentemperaturen ϑ_B muß auf die vollständigen Stefan-Maxwellschen Gleichungen zurückgegriffen werden. Dabei zeigt sich, daß bei höheren Molenbrüchen $\tilde{y}_j^*$ in der Gasphase, d.h. bei höheren Temperaturen in der Blase der durch die Diffusion verursachte Trenneffekt zurückgeht; andererseits jedoch die Verdunstungsströme, d.h. die je Flächeneinheit erzielte Destillatmenge zunimmt. Erreicht man in der Blase die Siedetemperatur, so verschwindet der Diffusionstrenneffekt völlig, andererseits werden die verdampften Mengenströme maximal. Dieser Zusammenhang gilt ganz allgemein: Hohe Trenneffekte durch Diffusion bedingen niedrige Mengenstromdichten, d.h. große Verdampfungs- und Kondensationsflächen. Und umgekehrt: Bei hohen Mengenstromdichten lassen sich keine nennenswerten Trenneffekte durch Diffusion erzielen. Wir wollen dies am Beispiel der Diffusionsdestillation in einem Rieselfilmapparat, wie er in Abb. 3.7 schematisch dargestellt ist, deutlich machen.

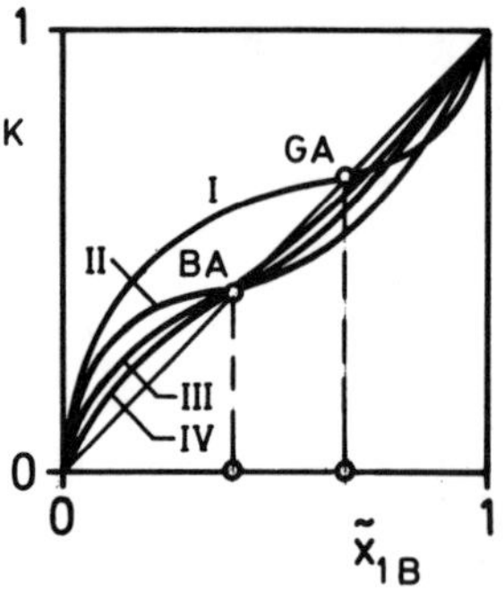

Abb. 3.6 Selektivität der Diffuinsdestillation für das System Isopropanol-Wasser-Luft.
Kurve I: Gleichgewichtskurve bei Abwesenheit von Inertgas
Kurve II: $C_1 = C_2 = 0$
Kurve III: $C_1 = C_2 = 0{,}2$
Kurve IV: $C_1 = C_2 = 0{,}4$

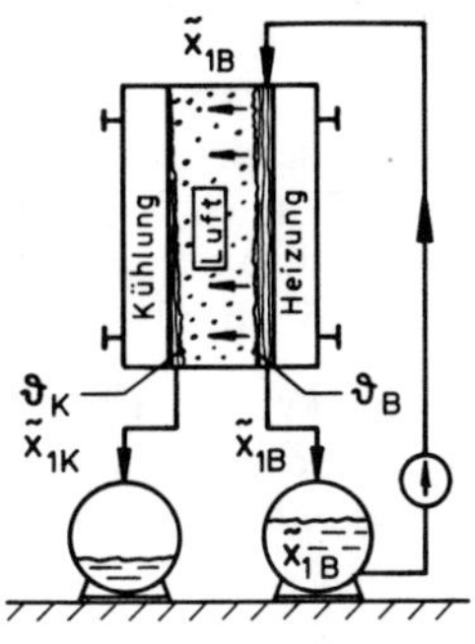

Abb. 3.7 Rieselfilmapparat zur Durchführung der Diffusionsdestillation (Differentialapparat)

Von einer großen umlaufenden Gemischmenge mit dem Molenbruch $\tilde{x}_{1B}$ wird ein kleiner Strom vom beheizten zum gekühlten Rieselfilm durch eine Luftschicht hindurch verdampft. Der gekühlte Film läuft mit dem Molenbruch $\tilde{x}_{1K} \neq \tilde{x}_{1B}$ ab. Wegen der großen Umlaufmenge sind die Molenbrüche $\tilde{x}_{1B}$ bzw. $\tilde{x}_{1K}$ zu jedem Zeitpunkt längs der Rieselfilme konstant (Differentialapparat). Praktisch wird der Apparat als Doppelrohr mit gekühltem Kernrohr und beheiztem Mantelrohr ausgeführt. Wir fragen nach der Trennwirkung, d. h. nach der Funktion $\tilde{x}_{1K} = f(\tilde{x}_{1B})$ bei verschiedenen Temperaturen ϑ_B und ϑ_K. Das zu trennende Gemisch sei Isopropanol (1) – Wasser (2) mit dem Sperrgas Luft (3). Zur Berechnung der gesuchten Funktion greifen wir zurück auf die Stefan-Maxwell-Gleichungen (2.99) oder (2.100). Die Diffusionskoeffizienten von Isopropanol in Luft δ_{13} und von Wasserdampf in Luft δ_{23} sind deutlich verschieden, sie verhalten sich wie 1 zu 2,7. Dagegen sind die Diffusionskoeffizienten von Isopropanol in Wasserdampf δ_{12} und von Isopropanol in Luft δ_{13} praktisch gleich groß. Dadurch reduziert sich Gl. (2.100 a) auf die Form:

$$-\delta_{12}\frac{\mathrm{d}\tilde{y}_1}{\mathrm{d}Z} = \dot{r}_1 - \tilde{y}_1. \tag{3.47}$$

Außerdem ist wegen der stagnierenden Sperrgasschicht zwischen den Rieselfilmen $\dot{r}_3 = 0$. Dadurch reduziert sich Gl. (2.100 c) zu

$$\delta_{32}\frac{\mathrm{d}\tilde{y}_3}{\mathrm{d}Z} = -\tilde{y}_3 + \left(1 - \frac{\delta_{32}}{\delta_{31}}\right)\tilde{y}_3\dot{r}_1. \tag{3.48}$$

Diese beiden Gleichungen lassen sich unmittelbar längs des Sperrgasspaltes integrieren und ergeben:

$$\frac{\tilde{y}^*_{1K} - \dot{r}_1}{\tilde{y}^*_{1B} - \dot{r}_1} = \exp(\zeta) \tag{3.49}$$

$$\frac{\tilde{y}^*_{3K}}{\tilde{y}^*_{3B}} = \exp\left[\frac{\delta_{13}}{\delta_{23}} - \left(\frac{\delta_{13}}{\delta_{23}} - 1\right)\dot{r}_1\right]\zeta, \tag{3.50}$$

worin $\zeta = (\dot{N}_1 + \dot{N}_2)\, S/A\, n_g \delta_{13}$ ist. Elimination von ζ und Einsetzen der Gleichgewichtsbeziehungen nach Gl. (3.45 a, b) liefert mit $\tilde{y}^*_3 = 1 - \tilde{y}^*_1 - \tilde{y}^*_2$ und der Bilanzbedingung $\dot{r}_1 = \tilde{x}_{1K}$:

$$\frac{1 - K_{2K} + (K_{2K} - K_{1K})\,\tilde{x}_{1K}}{1 - K_{2B} + (K_{2B} - K_{1B})\,\tilde{x}_{1B}} = \left(\frac{K_{1K}\tilde{x}_{1K} - \tilde{x}_{1K}}{K_{1B}\tilde{x}_{1B} - \tilde{x}_{1K}}\right)^{\left[\frac{\delta_{13}}{\delta_{23}} - \left(\frac{\delta_{13}}{\delta_{23}} - 1\right)\tilde{x}_{1K}\right]}. \tag{3.51}$$

Dies ist eine implizite Bestimmungsgleichung für die gesuchte Funktion $\tilde{x}_{1K} = f(\tilde{x}_{1B})$, in der die Parameter K_{jK} und K_{jB} von den Temperaturen ϑ_K bzw. ϑ_B im wesentlichen nach Maßgabe der Dampfdruckkurven (s. Gl. (3.53) und von der Flüssigkeitszusammensetzung $\tilde{x}_1$ nach Maßgabe der Aktivitätskoeffizienten γ (s. Gl. (3.54)) abhängen. Für hinreichend niedrige Temperaturen (d.h. kleine Molenbrüche $\tilde{y}_j^*$) geht Gl. (3.51) in Gl. (3.45a, b) über.

Man erkennt, daß die Basisargumente in Gl. (3.51) nur die thermodynamischen Parameter (die K_{jK} und K_{jB}) enthalten, während die kinetischen Parameter (δ_{13} und δ_{23}) allein im Exponenten vorkommen. Falls die Diffusionskoeffizienten alle gleich groß wären ($\delta_{13} = \delta_{23}$), hätte der Exponent den Wert eins, und die Funktion $\tilde{x}_{1K} = f(\tilde{x}_{1B})$ wäre allein durch das thermodynamische Gleichgewicht bestimmt.

Die zahlenmäßige Auswertung der Gl. (3.51) muß graphisch oder iterativ geschehen. Für das Gemisch Isopropanol – Wasser lassen sich die Gleichgewichtskonstanten

$$K_j = \gamma_j \frac{p_j^0}{p} \tag{3.52}$$

mit Hilfe der Antoine-Gleichung für den Dampfdruck

$$\frac{p_j^0}{\text{mm Hg}} = \exp\left(A_j - \frac{B_j}{C_j + \vartheta/°\text{C}}\right) \tag{3.53}$$

und der van Laar-Gleichung für den Aktivitätskoeffizienten

$$\gamma_i = \exp\left[\frac{A_{ij} A_{ji}^2 \tilde{x}_j^2}{(A_{ij}\tilde{x}_i + A_{ji}\tilde{x}_j)^2}\right] \tag{3.54}$$

bestimmen.

Für das Isopropanol-Wassergemisch gelten folgende Zahlenwerte:

Antoine-Parameter

	j = 1	j = 2
A_j	20,44302	18,58488
B_j	4628,956	3984,923
C_j	252,636	233,426

van Laar-Parameter

$A_{12} = 2{,}3405 \qquad A_{21} = 1{,}1551.$

Die Auswertung der Gl. (3.51) mit diesen Zahlenwerten und dem Verhältnis $\delta_{13}/\delta_{23} = 1/2{,}7$ bei einer Kaltfilmtemperatur von $\vartheta_K = 20\,°\text{C}$ und verschiedenen Heißfilmtemperaturen ϑ_B zeigt Abb. 3.8.

Man erkennt, wie sich mit steigender Heißfilmtemperatur die diffusionsbedingten Beharrungsazeotrope zum Gleichgewichtsazeotrop hin verschieben.

Dies bedeutet, daß sich bei festgehaltener Heißfilmkonzentration $\tilde{x}_{1B}$ die Selektivität $S = (\tilde{x}_{1B} - \tilde{x}_{1K})$ mit steigender Heißfilmtemperatur vermindert. Gleichzeitig nimmt die Übertragungsleistung, für die der Parameter ζ ein Maß ist, zu. Dies folgt unmittelbar aus Gl. (3.49), wenn man sie in der Form

$$\zeta = \ln \frac{\tilde{x}_{1K}(1 - K_{1K})}{\tilde{x}_{1B}(1 - K_{1B}) - S} \tag{3.55}$$

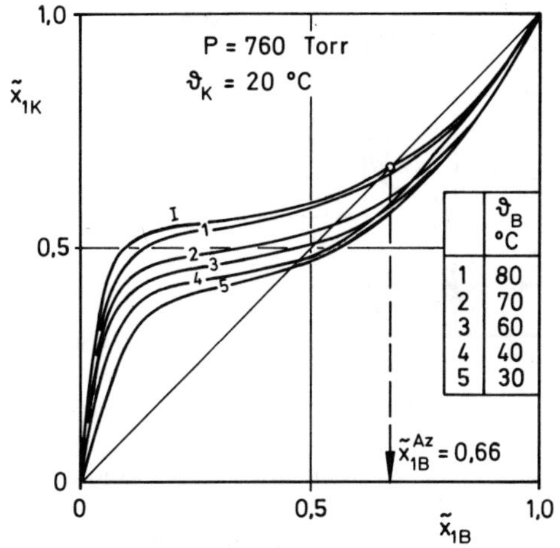

Abb. 3.8 Selektivität der Diffusionsdestillation für das System Isopropanol-Wasser-Luft bei festgehaltener Kaltfilmtemperatur $\vartheta_K = 20\,°C$ und verschiedenen Heißfilmtemperaturen ϑ_B

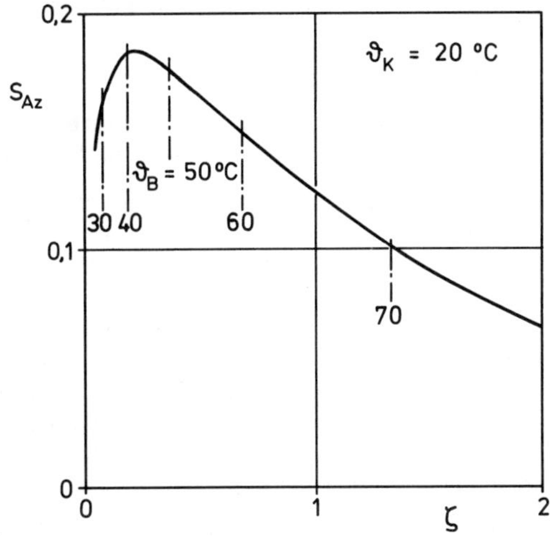

Abb. 3.9 Selektivität der Diffusionsdestillation für das System Isopropanol-Wasser-Luft am azeotropen Punkt als Funktion der Übertragungsleistung

anschreibt. Mit steigender Heißfilmtemperatur ϑ_B nimmt zwar S ab, jedoch wird dies durch die exponentielle Zunahme von K_{1B} mit ϑ_B weit überkompensiert.

Mit Hilfe von Gl. (3.55) und der in Abb. 3.8 dargestellten Lösung der Gl. (3.51) läßt sich der Zusammenhang zwischen Selektivität S und Leistung ζ berechnen.

Abb. 3.9 zeigt das Ergebnis einer solchen Rechnung für den azeotropen Punkt des Isopropanol-Wassergemisches bei $x_{1B}^{Az} = 0{,}66$.

3.3 Kondensation reiner Stoffe in Anwesenheit von Inertgas

Bei der Kondensation reiner Dämpfe liegt der gesamte Wärmeübergangswiderstand in dem sich an der Kondensationsfläche bildenden Kondensatfilm, Nußelt'sche Wasserhauttheorie (1916)[10]. An der Phasengrenzfläche zwischen Film und Dampf herrscht,

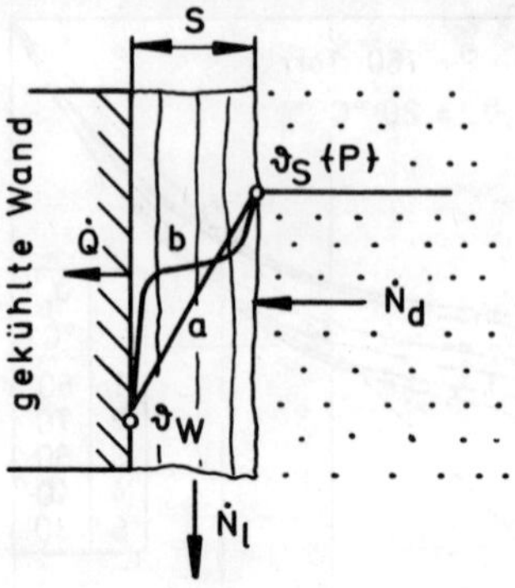

Abb. 3.10 Kondensation reiner Dämpfe
a) bei laminarer Filmströmung
b) bei turbulenter Filmströmung

sofern die Kondensationsgeschwindigkeit nicht extrem hoch ist, Phasengleichgewicht (ausgenommen z. B. Kondensation von Metalldämpfen). Die Filmoberflächentemperatur ist gleich der zum Dampfdruck p gehörenden Sättigungstemperatur $\vartheta_s(p)$. Fließt der Kondensatfilm **laminar** nach unten ab, ist der Wärmeübertragungskoeffizient

$$\alpha_l = \frac{\lambda_l}{S}, \tag{3.56}$$

worin S die lokale Filmdicke ist. Bei **turbulenter** Filmströmung ist $\alpha_l > \lambda_l/S$, jedoch auch in diesem Fall nur von den Eigenschaften des Kondensates abhängig.

Befindet sich nun im Dampf zusätzlich Inertgas (z. B. Luft), so haben auch die Eigenschaften des Dampfes einen Einfluß auf den Wärmeübergang. Zum einen wird durch die Anwesenheit des Inertgases die Kondensationstemperatur vom Wert $\vartheta_S(p_d)$ beim Gesamtdruck auf den Wert $\vartheta_d(p_d)$ beim Partialdruck des Dampfes abgesenkt. Dadurch vermindert sich das treibende Temperaturgefälle zwischen Dampf und Kühlfläche. Zum zweiten akkumuliert vom Dampfstrom mitgeschlepptes Inertgas an der Filmoberfläche, wodurch unmittelbar an der Filmoberfläche der Partialdruck des Dampfes noch einmal von p_d auf $p_{d,Ph}$ abgesenkt wird. Dadurch steht für den Abtransport der an der Filmoberfläche frei werdenden Kondensationswärme durch den Kondensatfilm nur noch der Temperaturunterschied $(\vartheta_{Ph} - \vartheta_w)$ zur Verfügung. Man definiert nun einen effektiven Wärmeübertragungskoeffizienten mit dem treibenden Temperaturunterschied $[\vartheta_d(p_d) - \vartheta_w]$

$$\dot{Q} = A_{Ph}\bar{\alpha}[\vartheta_d(p_d) - \vartheta_w]. \tag{3.57}$$

Wäre der Stoffübergangswiderstand auf der Dampfseite Null, so wären $p_{d,Ph} = p_d$ und $\vartheta_{Ph} = \vartheta_S(p_d)$. In diesem Fall wäre der einzige Übergangswiderstand wiederum nur $1/\alpha_l$,

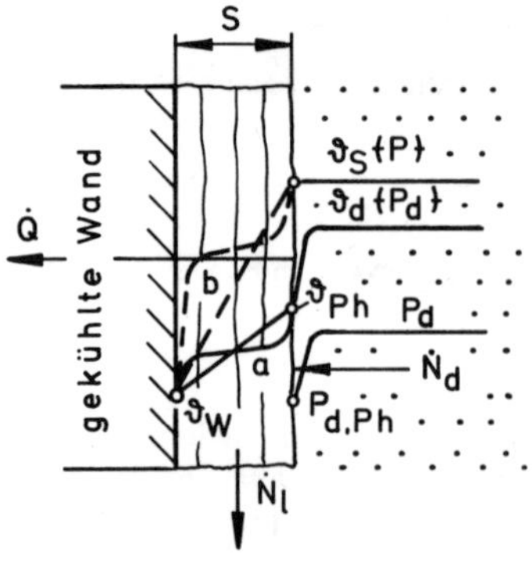

Abb. 3.11 Kondensation reiner Stoffe bei Anwesenheit von Inertgas

und es würde die Wärmemenge übertragen:

$$\dot{Q}_0 = A\alpha_l[\vartheta_d(p_d) - \vartheta_w]. \tag{3.58}$$

Andererseits muß aber auch die Wärmemenge $\dot{Q}$ bei endlichem Stoffübergangswiderstand durch den Kondensatfilm übertragen werden, und es gilt

$$\dot{Q} = A_{Ph}\alpha_l(\vartheta_{Ph} - \vartheta_w). \tag{3.59}$$

Daraus folgt

$$\frac{\dot{Q}}{\dot{Q}_0} = \frac{\bar{\alpha}}{\alpha_l} = \frac{\vartheta_{Ph} - \vartheta_w}{\vartheta_d(p_d) - \vartheta_w}. \tag{3.60}$$

Das Verhältnis $\bar{\alpha}/\alpha_l$ gibt die relative Verminderung des Wärmeüberganges durch den dampfseitigen Stoffübergangswiderstand an. Die Berechnung dieses Verhältnisses läuft auf die Bestimmung der Temperatur an der Phasengrenzfläche hinaus. Hierzu gehen wir wie folgt vor:

Die Energiebilanz an der Filmoberfläche liefert

$$\dot{Q} = \dot{N}_d\Delta h_{Ph} + A_{Ph}\alpha_g[\vartheta(p_d) - \vartheta_{Ph}], \tag{3.61}$$

worin der erste Summand die frei werdende Kondensationswärme und der zweite die vom Dampf-Gemisch übertragene fühlbare Wärme sind. In diese Bilanz fügen wir die kinetischen Ansätze für $\dot{Q}$ und $\dot{N}_d$ ein

$$\dot{Q} = A_{Ph}\alpha_l(\vartheta_{Ph} - \vartheta_w), \tag{3.62}$$

$$\dot{N}_d = A_{Ph}n_g\beta_{g,d}\ln\frac{1 - \tilde{y}_{d,Ph}}{1 - \tilde{y}_d}. \tag{3.63}$$

Hierin sind $\tilde{y}_d = p_d/p$ und $\tilde{y}_{d,Ph} = p_{d,Ph}/p$ die Molenbrüche des Dampfes im Dampf-Inertgasgemisch. Wir wollen schließlich wieder davon ausgehen, daß an der Phasengrenzfläche wie auch im Innern der Dampf-Gasphase thermodynamisches Gleichgewicht herrsche. Demnach sind

$$\tilde{y}_d = \tilde{y}_d^*(\vartheta_d, p) = p_d^*(\vartheta_d)/p \tag{3.64}$$

und

$$\tilde{y}_{d,Ph} = \tilde{y}_{d,Ph}^*(\vartheta_{Ph}, p) = p_{d,Ph}^*(\vartheta_{Ph})/p. \tag{3.65}$$

Fügen wir nun Bilanz, Kinetik und Gleichgewicht zusammen so erhalten wir mit

$$\alpha_l(\vartheta_{Ph} - \vartheta_w) = \Delta\tilde{h}_{Ph}n_g\beta_{g,d}\ln\frac{1 - \tilde{y}_{d,Ph}^*(\vartheta_{Ph}, p)}{1 - \tilde{y}_d^*(\vartheta_d, p)} + \alpha_g(\vartheta_d - \vartheta_{Ph}) \tag{3.66}$$

eine Bestimmungsgleichung für die gesuchte Phasengrenzflächentemperatur, wenn der Gesamtdruck p und der Teildruck des Dampfes p_d, d.h. also der Inertgasgehalt $\tilde{y}_i = (p - p_d)/p$ und die Wandtemperatur ϑ_w gegeben sind. Damit sind dann auch alle Temperaturen in Gl. (3.60) bekannt und es kann die relative Verminderung des Wärmeüberganges $\bar{\alpha}/\alpha_l$ angegeben werden.

Ersetzen wir noch den Stoffübergangskoeffizienten $\beta_{g,d}$ mit Hilfe des näherungsweise gültigen Lewisschen Gesetzes durch den dampfseitigen Wärmeübergangskoeffizienten

$$\beta_{g,d} \cong \frac{\alpha_g}{n_g\tilde{c}_{pg}}, \tag{3.67}$$

so erhalten wir

$$\vartheta_{\mathrm{Ph}} - \vartheta_{\mathrm{w}} = \frac{\alpha_{\mathrm{g}}}{\alpha_l}\left[\frac{\Delta\tilde{h}_{\mathrm{Ph}}}{\tilde{c}_{\mathrm{pg}}}\ln\frac{1 - \tilde{y}^*_{\mathrm{d,Ph}}(\vartheta_{\mathrm{Ph}}, p)}{1 - \tilde{y}^*_{\mathrm{d}}(\vartheta_{\mathrm{d}}, p)} + (\vartheta_{\mathrm{d}} - \vartheta_{\mathrm{Ph}})\right]. \tag{3.68}$$

Diese Gleichung ist nur numerisch lösbar. Man kann jedoch noch eine geschlossene Lösung für den Grenzfall verschwindender Temperaturdifferenz $(\vartheta_{\mathrm{d}} - \vartheta_{\mathrm{w}})$ angeben. In diesem Fall liegen nämlich $\tilde{y}^*_{\mathrm{d,Ph}}$ und $\tilde{y}^*_{\mathrm{d}}$ beliebig dicht beieinander, und man kann daher den Logarithmus in eine Reihe entwickeln und nach dem 1. Glied abbrechen

$$\lim_{\vartheta_{\mathrm{w}} \to \vartheta_{\mathrm{d}}} \ln\frac{1 - \tilde{y}^*_{\mathrm{d,Ph}}}{1 - \tilde{y}^*_{\mathrm{d}}} = \frac{\tilde{y}^*_{\mathrm{d}} - \tilde{y}^*_{\mathrm{d,Ph}}}{1 - \tilde{y}^*_{\mathrm{d}}}.$$

Sodann kann man die Differenz der Molenbrüche $(\tilde{y}^*_{\mathrm{d}} - \tilde{y}^*_{\mathrm{d,Ph}})$ durch die Differenz der Temperaturen $(\vartheta_{\mathrm{d}} - \vartheta_{\mathrm{Ph}})$ mit Hilfe der Steigung der Dampfdruckkurve $\mathrm{d}p^*/\mathrm{d}\vartheta$ ausdrükken. Es ist

$$\tilde{y}^*_{\mathrm{d}} - \tilde{y}^*_{\mathrm{d,Ph}} = \frac{1}{p}\left(\frac{\mathrm{d}p^*}{\mathrm{d}\vartheta}\right)_{\vartheta_{\mathrm{d}}} \cdot (\vartheta_{\mathrm{d}} - \vartheta_{\mathrm{Ph}}). \tag{3.69}$$

Man erhält damit aus Gl. (3.68)

$$\lim_{\vartheta_{\mathrm{w}} \to \vartheta_{\mathrm{d}}} \frac{\vartheta_{\mathrm{Ph}} - \vartheta_{\mathrm{w}}}{\vartheta_{\mathrm{d}} - \vartheta_{\mathrm{Ph}}} = \frac{\alpha_{\mathrm{g}}}{\alpha_l}\left[\frac{\Delta\tilde{h}_{\mathrm{Ph}}}{\tilde{c}_{\mathrm{pg}}}\frac{1}{p}\left(\frac{\mathrm{d}p^*}{\mathrm{d}\vartheta}\right)_{\vartheta_{\mathrm{d}}}\frac{1}{1 - \tilde{y}^*_{\mathrm{d}}} + 1\right]. \tag{3.68 a}$$

Bezeichnen wir die rechte Seite der Gl. (3.68 a) mit

$$\Phi = \frac{\alpha_{\mathrm{g}}}{\alpha_l}\left[\frac{\Delta\tilde{h}_{\mathrm{Ph}}}{\tilde{c}_{\mathrm{pg}}}\frac{1}{p}\left(\frac{\mathrm{d}p^*}{\mathrm{d}\vartheta}\right)_{\vartheta_{\mathrm{d}}}\frac{1}{1 - \tilde{y}^*_{\mathrm{d}}} + 1\right], \tag{3.70}$$

so ist die relative Verminderung des Wärmeüberganges bei verschwindender Temperaturdifferenz

$$\lim_{\vartheta_{\mathrm{w}} \to \vartheta_{\mathrm{d}}} \frac{\bar{\alpha}}{\alpha_l} = \frac{\Phi}{1 + \Phi}. \tag{3.71}$$

Für größere Temperaturdifferenzen $(\vartheta_{\mathrm{d}} - \vartheta_{\mathrm{w}})$ muß Gl. (3.68) gelöst werden. Für nicht zu hohe Inertgas-Gehalte ($< 10\%$) kann man die Übertragung fühlbarer Wärme an die Filmoberfläche gegenüber der dortigen Freisetzung latenter Wärme vernachlässigen. Der Ausdruck

$$\frac{\alpha_{\mathrm{g}}}{\alpha_l} \cdot \frac{\Delta\tilde{h}_{\mathrm{Ph}}}{\tilde{c}_{\mathrm{pg}}} = \Theta \tag{3.72}$$

hat die Dimension einer Temperatur. Schätzt man, daß $\alpha_{\mathrm{g}}/\alpha_l$ in der Größenordnung von 1/1000 und $\Delta\tilde{h}_{\mathrm{Ph}}/\tilde{c}_{\mathrm{pg}}$ in der Größenordnung von 1000 K liegen, so sollte Θ in der Größenordnung von einigen Grad K liegen. Abb. 3.12 zeigt nun das Verhältnis $\bar{\alpha}/\alpha_l$ über der angelegten Temperaturdifferenz $(\vartheta_{\mathrm{d}} - \vartheta_{\mathrm{w}})$ mit dem Dampfmolenbruch $\tilde{y}^*_{\mathrm{d}} = (1 - \tilde{y}^*_{\mathrm{i}})$ als Parameter für das System Wasser/Luft bei 1 bar Gesamtdruck und $\Theta = 1\,\mathrm{K}$.

Man erkennt, daß der Wärmeübergang mit zunehmender Temperaturdifferenz $(\vartheta_{\mathrm{d}} - \vartheta_{\mathrm{w}})$ schlechter wird. Die Zahlenwerte für $(\vartheta_{\mathrm{d}} - \vartheta_{\mathrm{w}}) = 0$ werden durch die Gl. (3.71) wiedergegeben.

Abb. 3.13 zeigt $\bar{\alpha}/\alpha_l$ über $(\vartheta_{\mathrm{d}} - \vartheta_{\mathrm{w}})$ mit der charakteristischen Temperatur Θ als Parameter, ebenfalls für das System Wasser/Luft bei 1 bar Gesamtdruck und $\tilde{y}^*_{\mathrm{d}} = (1 - \tilde{y}^*_{\mathrm{i}}) = 0{,}990$.

Man erkennt, daß die Verminderung des Wärmeüberganges reduziert werden kann, wenn man dafür sorgt, daß Θ möglichst hoch ist. Dies läßt sich dadurch erreichen, daß man α_g möglichst groß macht, indem man den Dampf mit möglichst großer Strömungsgeschwindigkeit an der Kondensationsfläche entlang führt.

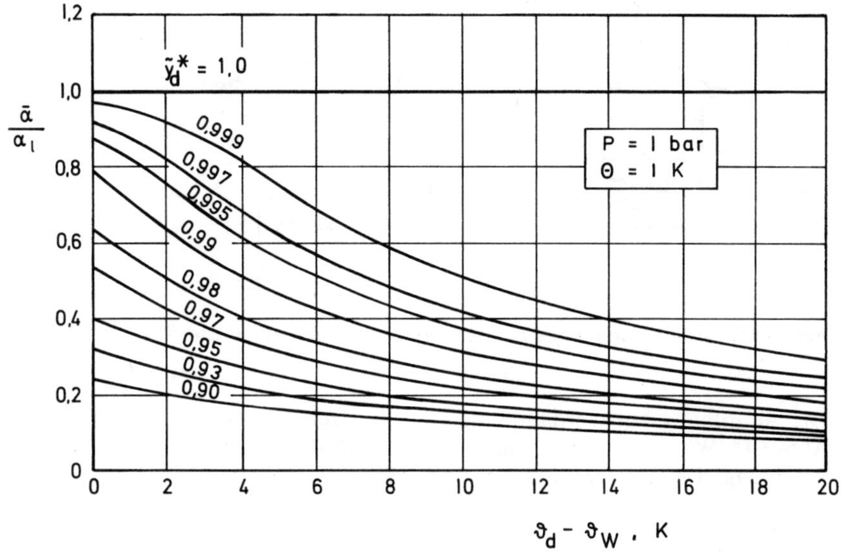

Abb. 3.12 Verminderung des Wärmeüberganges bei der Kondensation von Wasserdampf durch die Anwesenheit von Luft

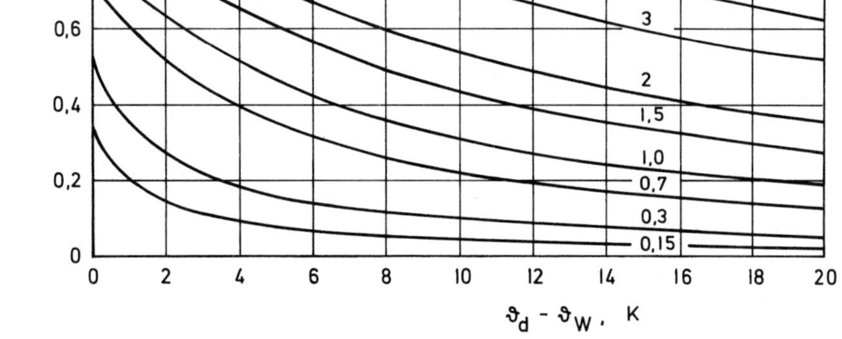

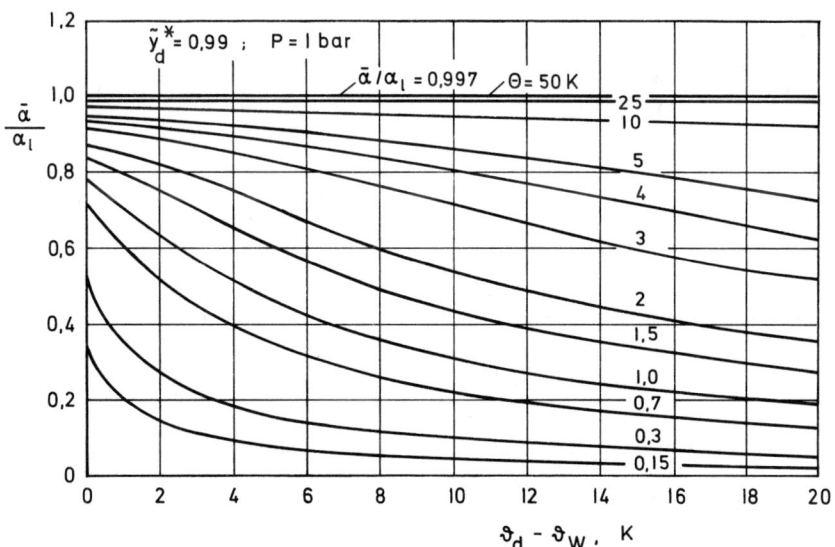

Abb. 3.13 Verminderung des Wärmeüberganges bei der Kondensation von Wasserdampf durch die Anwesenheit von Luft

3.4 Verdampfung und Kondensation von Gemischen

3.4.1 Verdampfung aus einem Behälter

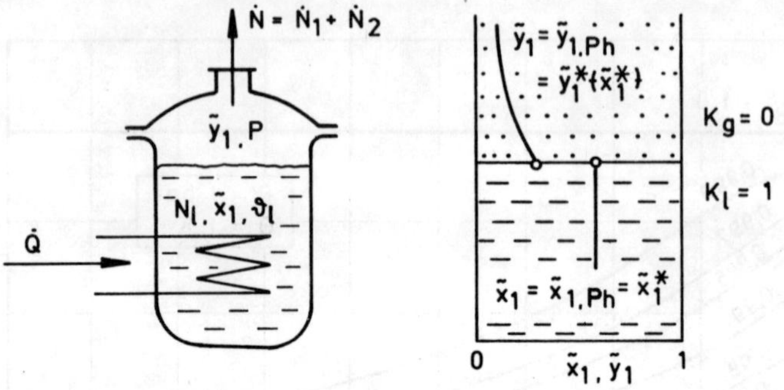

Abb. 3.14 Verdampfung eines binären Gemisches aus einem Behälter

Die Anordnung zur Verdampfung eines binären Gemisches aus einem Behälter zeigt Abb. 3.14. Wir interessieren uns dafür, wie sich die Konzentration $\tilde{x}_1$ während der Eindampfung, d. h. also mit abnehmender Menge N_l ändert:

$$N_l = N_l(\tilde{x}_1).$$

Die Mengenbilanzen für den Behälter lauten:

$$0 - \dot{N}\,\mathrm{d}t = \mathrm{d}N_l \tag{3.73}$$

$$0 - \dot{N}_1\,\mathrm{d}t = \mathrm{d}(N_l\tilde{x}_1) \tag{3.74}$$

$$0 - \dot{N}_2\,\mathrm{d}t = \mathrm{d}(N_l\tilde{x}_2). \tag{3.75}$$

Daraus folgt

$$\dot{r}_1 - \tilde{x}_1 = \frac{\mathrm{d}\tilde{x}_1}{\mathrm{d}\ln N_l}, \tag{3.76}$$

worin

$$\dot{r}_1 = \frac{\dot{N}_1}{\dot{N}} \tag{3.77}$$

ist.

An der Phasengrenze herrsche thermodynamisches Gleichgewicht

$$\tilde{y}_{1,\mathrm{Ph}} = \tilde{y}_1^* \tag{3.78}$$

$$\tilde{x}_{1,\mathrm{Ph}} = \tilde{x}_1^*. \tag{3.79}$$

Die kinetischen Ansätze für die Stoffübertragung lauten

$$\dot{N}_1 = A_{\mathrm{Ph}} n_{\mathrm{g}} \beta_{\mathrm{g}} \dot{r}_1 \ln \frac{\dot{r}_1 - \tilde{y}_1}{\dot{r}_1 - \tilde{y}_{1,\mathrm{Ph}}} \tag{3.80}$$

S. 46

$$\dot{N}_1 = A_{\mathrm{Ph}} n_l \beta_l \dot{r}_1 \ln \frac{\dot{r}_1 - \tilde{x}_{1,\mathrm{Ph}}}{\dot{r}_1 - \tilde{x}_1}. \tag{3.81}$$

Wir wollen annehmen, daß der Dampf den Brüdenraum und die anschließende Abdampfleitung in Form einer Kolbenströmung durchströmt. Der Stoffaustausch mit der Flüssigkeitsoberfläche durch Rückdiffusion muß dann längs großer Diffusionswege (Größenordnung Meter) erfolgen, was bedeutet, daß β_g extrem klein ist. Dann aber folgt aus Gl. (3.80), die man auch in der Form

$$\frac{\dot{r}_1 - \tilde{y}_{1,\mathrm{Ph}}}{\dot{r}_1 - \tilde{y}_1} = \exp\left(-\frac{\dot{N}}{A_{\mathrm{Ph}} n_g \beta_g}\right) \tag{3.82}$$

schreiben kann, daß

$$\dot{r}_1 = \tilde{y}_{1,\mathrm{Ph}} \tag{3.83}$$

ist.

Für die Flüssigphase folgt mit Gl. (3.83) aus Gl. (3.81)

$$\frac{\tilde{y}_{1,\mathrm{Ph}} - \tilde{x}_{1,\mathrm{Ph}}}{\tilde{y}_{1,\mathrm{Ph}} - \tilde{x}_1} = \exp\left(\frac{\dot{N}}{A_{\mathrm{Ph}} n_l \beta_l}\right). \tag{3.84}$$

Falls sehr schonend eingedampft wird, d.h. $\dot{N}$ gegen 0 geht, folgt aus Gl. (3.84)

$$\tilde{x}_1 = \tilde{x}_{1,\mathrm{Ph}} = \tilde{x}_1^*. \tag{3.85}$$

In diesem Fall spielen die Gesetze der Stoffübertragung auch in der flüssigen Phase keine Rolle. Der Eindampfprozeß, d.h. die Funktion $N_l\{\tilde{x}_1\}$ ist allein thermodynamisch kontrolliert. Läßt sich das Gleichgewicht mit Hilfe der relativen Flüchtigkeit α_T

$$\frac{\tilde{y}_1^*/\tilde{y}_2^*}{\tilde{x}_1^*/\tilde{x}_2^*} = \alpha_T = \text{const.} \tag{3.86}$$

wiedergeben, so ist Gl. (3.76) unmittelbar integrierbar. Wir erhalten mit

$$\dot{r}_1 = \tilde{y}_1^* = \frac{\alpha_T \tilde{x}_1}{1 + (\alpha_T - 1)\,\tilde{x}_1} \tag{3.87}$$

$$\int\limits_{N_l^0} \mathrm{d}\ln N_l = \int\limits_{x_1^0} \frac{\mathrm{d}\tilde{x}_1}{\dfrac{\alpha_T \tilde{x}_1}{1 + (\alpha_T - 1)\,\tilde{x}_1} - \tilde{x}_1} \tag{3.88}$$

$$\frac{N_l}{N_{l,0}} = \left(\frac{\tilde{x}_1}{\tilde{x}_{1,0}}\right)^{\frac{1}{\alpha_T - 1}} \cdot \left(\frac{1 - \tilde{x}_{1,0}}{1 - \tilde{x}_1}\right)^{\frac{\alpha_T}{\alpha_T - 1}}. \tag{3.89}$$

Den Verlauf $N_l\{\tilde{x}_1\}$ zeigt Abb. 3.15 für $\alpha_T = 4$. Zusätzlich ist auch noch der Verlauf der Dampfkonzentration $\tilde{y}_1 = \tilde{y}_1^*$ eingetragen.

Für hohe Eindampfgeschwindigkeiten $\dot{N}/A_{\mathrm{Ph}}$ und großem flüssigseitigen Stoffübergangswiderstand $1/n_l \beta_l$ ist $\tilde{x}_1 \neq \tilde{x}_{1,\mathrm{Ph}}$. Mit $\dot{r}_1 = \tilde{y}_1 = \tilde{y}_1^*$ erhält man aus den Gln. (3.84) und (3.87) die Funktion $\dot{r}_1\{\tilde{x}_1\}$ in der Form

$$\dot{r}_1^2 + p\{\tilde{x}_1\}\,\dot{r}_1 + q\{\tilde{x}_1\} = 0, \tag{3.90}$$

die nach $\dot{r}_1$ aufgelöst in Gl. (3.76) einzusetzen ist:

$$\frac{N_l}{N_{l,0}} = \exp \int\limits_{x_{1,0}} \frac{\mathrm{d}\tilde{x}_1}{\dot{r}_1\{\tilde{x}_1\} - \tilde{x}_1}. \tag{3.91}$$

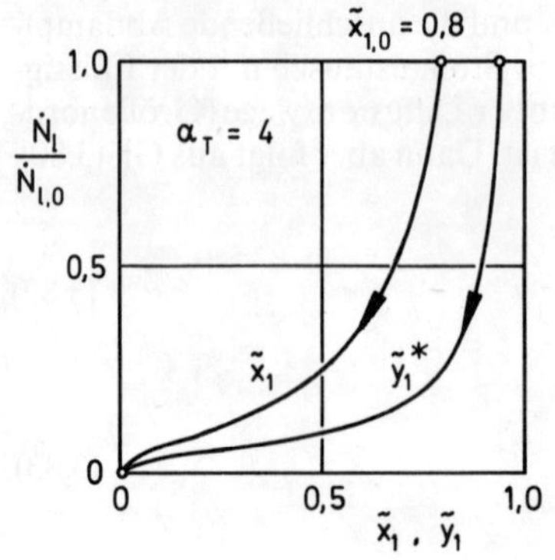

Abb. 3.15 Eindampfung eines binären Gemisches mit konstantem Trennfaktor α_T

Hierin sind:

$$p(\tilde{x}_1) = -\frac{1 + \left(1 - \frac{1}{\alpha_T}\right)(\tilde{x}_1 - K_l)}{\left(1 - \frac{1}{\alpha_T}\right)(1 - K_l)}$$

$$q(\tilde{x}_1) = \frac{\tilde{x}_1}{\left(1 - \frac{1}{\alpha_T}\right)(1 - K_l)}$$

$$K_l = \exp\left(-\frac{\dot{N}}{A_{\mathrm{Ph}} n_l \beta_l}\right).$$

Man erkennt, daß es sich hier um dasselbe Gleichungssystem handelt, wie es bereits im Abschn. 3.1 für die Verdunstung eines binären Gemisches in einen inerten Trägerstrom abgeleitet worden war, s. die Gln. (3.31) und (3.32). Der Unterschied zu diesen Gleichungen besteht lediglich darin, daß in diesem Fall $K_g = 1$ ist. Das Gleichungssystem kann nur numerisch gelöst werden. Es fragt sich, ob das in praktischen Fällen erforderlich ist, oder ob nicht meist doch der Fall der thermodynamisch kontrollierten Verdampfung vorliegt und Gl. (3.89) ausreichend ist.

Wir müssen zur Beantwortung dieser Frage K_l abschätzen. Bei der Verdampfung von Wasser bei 1 bar beträgt die Dampfgeschwindigkeit im Brüdenraum etwa 1 m/s. Die Dampfdichte liegt bei 0,6 kg/m^3. Das ergibt eine Verdampfungsgeschwindigkeit von $\dot{M}/A_{\mathrm{Ph}} = 0{,}6$ kg/m^2 s. Schätzen wir die Dicke der flüssigseitigen Unterschicht S zu 1 μm und den Diffusionskoeffizienten δ_l zu 10^{-5} cm^2/s, so ergibt sich $\beta_l = 10^{-3}$ m/s und mit $\varrho_l = 1000$ kg/m^3:

$$K_l = \exp(-\dot{M}/A_{\mathrm{Ph}} \varrho_l \beta_l) = 0{,}55.$$

Dieser Wert ist doch erheblich von 1 verschieden, so daß der flüssigseitige Stoffübergang von Bedeutung sein könnte. Andererseits ist es auch möglich, daß β_l zu niedrig abgeschätzt wurde, oder daß auch A_{Ph} durch die Bildung von Dampfblasen wesentlich größer als der Behälterquerschnitt ist. Genaueren Aufschluß müssen hier Versuche bringen.

Falls K_l gegen Null ginge, wäre $\dot{r}_1 = \tilde{y}_1 = \tilde{x}_1$, d. h. der entweichende Dampf hat dieselbe Zusammensetzung wie die Flüssigkeit; die Verdampfung wäre nicht mehr selektiv.

3.4.2 Verdampfung am Rieselfilm

Abb. 3.16 zeigt einen Ausschnitt aus einem innen beheizten Doppelrohrapparat, an dessen Kernrohr ein Flüssigkeitsfilm herabrieselt, der durch Wärmezufuhr aus dem Kernrohr verdampft wird.

Die Frage ist, wie sich die Zusammensetzung von Flüssigkeit und Dampf mit abnehmender Flüssigkeitsmenge $\dot{N}_l$ ändern, d.h. wir suchen die Funktion $\dot{N}_l\{\tilde{x}_1\}$. Wir wollen davon ausgehen, daß nur Flüssigkeit zuläuft, also $\dot{N}_g$ an der Oberkante ($Z = 0$) Null ist.

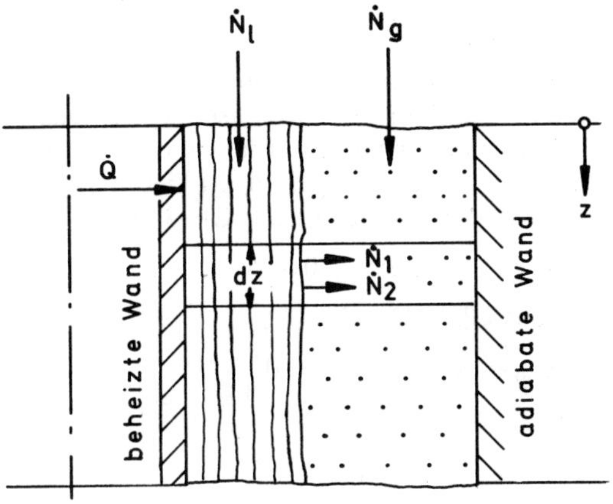

Abb. 3.16 Verdampfung eines binären Gemisches von einem Rieselfilm

Die Mengenbilanzen für ein Volumenelement der Dicke dz lauten:

$$\mathrm{d}(\dot{N}_l + \dot{N}_g) = 0 \tag{3.92}$$

$$\mathrm{d}(\dot{N}_l\tilde{x}_1 + \dot{N}_g\tilde{y}_1) = 0 \tag{3.93}$$

$$\mathrm{d}\dot{N}_l + \mathrm{d}\dot{N} = 0 \tag{3.94}$$

$$\mathrm{d}\dot{N}_g - \mathrm{d}\dot{N} = 0 \tag{3.95}$$

$$\mathrm{d}(\dot{N}_l\tilde{x}_1) + \mathrm{d}\dot{N}_1 = 0 \tag{3.96}$$

$$\mathrm{d}(\dot{N}_g\tilde{y}_1) - \mathrm{d}\dot{N}_1 = 0 \tag{3.97}$$

$$\mathrm{d}\dot{N}_1 + \mathrm{d}\dot{N}_2 = \mathrm{d}\dot{N}. \tag{3.98}$$

Wir wollen wiederum unterstellen, daß an der Phasengrenze thermodynamisches Gleichgewicht herrsche:

$$\tilde{y}_{1,\mathrm{Ph}} = \tilde{y}_1^* \tag{3.99}$$

$$\tilde{x}_{1,\mathrm{Ph}} = \tilde{x}_1^*. \tag{3.100}$$

Die kinetischen Ansätze lauten:

$$\dot{N}_1 = A_{\mathrm{Ph}} n_g \beta_g \dot{r}_1 \ln \frac{\dot{r}_1 - \tilde{y}_1}{\dot{r}_1 - \tilde{y}_{1,\mathrm{Ph}}} \tag{3.101}$$

$$\dot{N}_1 = A_{\mathrm{Ph}} n_l \beta_l \dot{r}_1 \ln \frac{\dot{r}_1 - \tilde{x}_{1,\mathrm{Ph}}}{\dot{r}_1 - \tilde{x}_1}. \tag{3.102}$$

Man kann sie auch in der Form

$$\frac{\dot{r}_1 - \tilde{y}_{1,\mathrm{Ph}}}{\dot{r}_1 - \tilde{y}_1} = \exp\left(-\frac{\dot{N}}{A_{\mathrm{Ph}} n_g \beta_g}\right) \tag{3.103}$$

$$\frac{\dot{r}_1 - \tilde{x}_1}{\dot{r}_1 - \tilde{x}_{1,\mathrm{Ph}}} = \exp\left(-\frac{\dot{N}}{A_{\mathrm{Ph}} n_l \beta_l}\right) \tag{3.104}$$

schreiben. Hierin sind $\dot{r}_1 = \dot{N}_1/\dot{N}$ und $\dot{N} = \dot{N}_1 + \dot{N}_2$. Wir wollen einfache Grenzfälle betrachten. Bei sehr schonender Eindampfung, also $\dot{N} \to 0$ folgt:

$$\tilde{y}_1 = \tilde{y}_{1,\mathrm{Ph}} = \tilde{y}_1^* \tag{3.105}$$

$$\tilde{x}_1 = \tilde{x}_{1,\mathrm{Ph}} = \tilde{x}_1^*. \tag{3.106}$$

(Im Gegensatz zur Verdampfung aus einem Rührkessel erfolgt im Doppelrohrapparat der Stoffaustausch in der Gasphase nicht entgegen, sondern quer zur Dampfströmung. Die Diffusionswege sind also nur von der Größenordnung der Strömungsunterschichtdicke an der Phasengrenze, d.h. β_g ist hier viel größer als im Fall des Rührkessels.)
Aus der Mengenbilanz nach Gl. (3.93)

$$\dot{N}_{l,0}\tilde{x}_{1,0} - \dot{N}_l\tilde{x}_1 + 0 - \dot{N}_g\tilde{y}_1 = 0 \tag{3.107}$$

und aus Gl. (3.92)

$$\dot{N}_{l,0} - \dot{N}_l + 0 - \dot{N}_g = 0 \tag{3.108}$$

folgt

$$\frac{\dot{N}_l}{\dot{N}_{l,0}} = \frac{\tilde{x}_{1,0} - \tilde{y}_1}{\tilde{x}_1 - \tilde{y}_1}. \tag{3.109}$$

Für das Gleichgewicht gilt mit der relativen Flüchtigkeit α_T

$$\tilde{y}^*(\tilde{x}_1) = \frac{\alpha_T \tilde{x}_1}{1 + (\alpha_T - 1)\tilde{x}_1}, \tag{3.110}$$

und wir erhalten für diesen Fall aus Gl. (3.109)

$$\frac{\dot{N}_l}{\dot{N}_{l,0}} = \frac{\tilde{x}_{1,0} - \tilde{y}_1^*(\tilde{x}_1)}{\tilde{x}_1 - \tilde{y}_1^*(\tilde{x}_1)}. \tag{3.111}$$

Abb. 3.17 zeigt den Verlauf der Funktion $\dot{N}_l(\tilde{x}_1)$ nach Gl. (3.111).

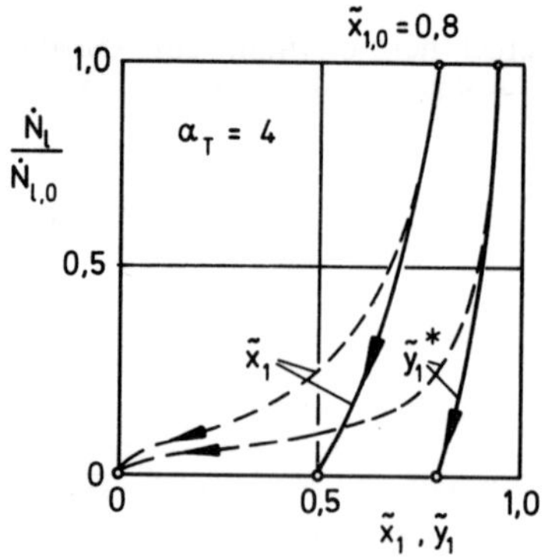

Abb. 3.17 Geschlossene (und offene) Verdampfung bei konstantem Trennfaktor α_T
——— geschlossene Verdampfung nach Gl. (3.111)
– – – – offene Verdampfung nach Gl. (3.89)

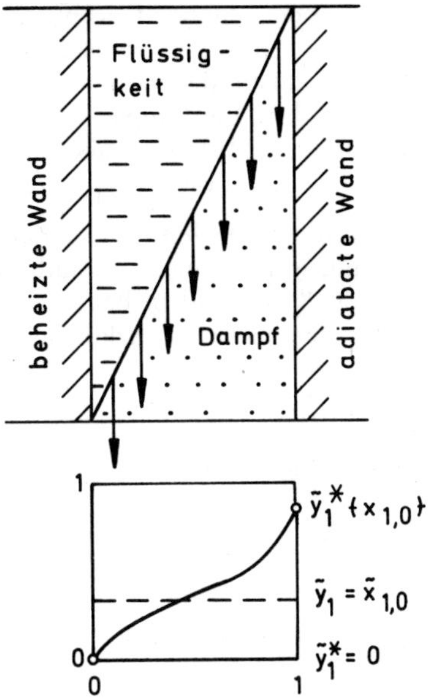

Abb. 3.18 Verdampfung eines binären Gemisches von einem Rieselfilm für den Fall $\beta_g \to 0$

Zusätzlich ist auch der Verlauf der Dampfzusammensetzung $\tilde{y}_1^*$ nach Gl. (3.110) eingetragen. Man erkennt, daß der letzte entstehende Dampf, d.h. bei $\dot{N}_l \to 0$, die Zusammensetzung der Flüssigkeit am Apparateeintritt haben muß, $\tilde{y}_1^*(\dot{N}_l = 0) = \tilde{x}_{1,0}$. Man nennt diesen Verlauf der Verdampfung auch die **geschlossene Verdampfung**. Der Ausdruck will sagen, daß stets die **gesamte** erzeugte Dampfmenge im Gleichgewicht mit der **gesamten** noch vorhandenen Flüssigkeitsmenge steht.

Zum Vergleich ist in Abb. 3.17 auch der Verlauf der Funktion $\dot{N}_l(\tilde{x}_1)$ nach Gl. (3.109) für die Verdampfung aus einem Rührkessel eingetragen. Man nennt diese Art der Verdampfung die **offene Verdampfung**, was besagen soll, daß jeweils nur der gerade entstehende Dampf im Gleichgewicht mit der Flüssigkeit steht. Man erkennt, daß in diesem Fall die letzte verdampfende Flüssigkeit das reine schwerer Siedende ist.

Interessant ist nun, daß auch im Rieselfilmverdampfer offene Verdampfung vorliegen kann, nämlich dann, wenn zwar weiterhin $\dot{N}/A_{Ph} n_l \beta_l \to 0$, jedoch $\dot{N}/A_{Ph} n_g \beta_g \to \infty$ geht. Aus der letzteren Bedingung folgt nach Gl. (3.103)

$$\dot{r}_1 = \tilde{y}_{1,Ph} = \tilde{y}_1^*(\tilde{x}_1)\,. \tag{3.112}$$

Dieser Ausdruck für $\dot{r}_1$ ist sodann in die Bilanzgleichung (3.96) einzusetzen, die mit $\dot{r}_1 = \dot{N}_1/\dot{N}$ in integraler Form lautet:

$$\ln \frac{\dot{N}_l}{\dot{N}_{l,0}} = \int\limits_{\tilde{x}_{1,0}} \frac{d\tilde{x}_1}{\dot{r}_1 - \tilde{x}_1}\,. \tag{3.113}$$

Man sieht, daß die Gln. (3.113) und (3.112) die gleichen sind, wie die die Verdampfung aus einem Rührkessel beschreibenden Gln. (3.107) und (3.106). Dessen ungeachtet gilt natürlich auch weiterhin die Bilanz nach Gl. (3.109). Man hat jedoch zu beachten, daß wegen $\beta_g \to 0$ in der Dampfströmung ein starkes $\tilde{y}_1^*$-Profil besteht und $\tilde{y}_1$ in Gl. (3.109) den integralen Mittelwert darstellt, wie dies in Abb. 3.18 veranschaulicht ist.

Der erste entstehende Dampf hat die Zusammensetzung $\tilde{y}_1^*(\tilde{x}_{1,0})$, der letzte die $\tilde{y}_1^* = 0$. Da $\dot{N}/A_{Ph}n_g\beta_g \to \infty$ vorausgesetzt wurde; findet kein Stoffaustausch zwischen den nacheinander entstandenen Strombahnen im Dampfraum statt. Dadurch ergibt sich am Austritt aus dem Verdampferrohr das eingezeichnete $\tilde{y}_1^*$-Profil quer zur Dampfströmung. Der integrale Mittelwert über dieses Profil muß natürlich wieder $\tilde{x}_{1,0}$ sein, da die gesamte Flüssigkeit an dieser Stelle verdampft ist.

Neben diesen beiden Grenzfällen der offenen und der geschlossenen Verdampfung, die dadurch gekennzeichnet sind, daß im ersteren Fall $\dot{N}/A_{Ph}n_g\beta_g \to \infty$, im letzteren $\dot{N}/A_{Ph}n_g\beta_g \to 0$ und in beiden Fällen $\dot{N}/A_{Ph}n_l\beta_l = 0$ gesetzt wurde, gibt es noch einen dritten denkbaren Grenzfall, für den $\dot{N}/A_{Ph}n_l\beta_l \to \infty$ geht. Mit dieser Bedingung folgt aus Gl. (3.104)

$$\dot{r}_1 = \tilde{x}_1 . \tag{3.114}$$

Damit folgt unmittelbar aus der Bilanzgleichung (3.96) in der Form

$$\frac{d\tilde{x}_1}{d \ln \dot{N}_l} = \dot{r}_1 - \tilde{x}_1 = 0, \tag{3.115}$$

daß sich die Zusammensetzung der Flüssigkeit während der Verdampfung nicht ändert. Daraus wiederum ergibt sich aus den Bilanzgleichungen (3.92) und (3.93) mit

$$\tilde{x}_1 = \tilde{x}_{1,0} \tag{3.116}$$

in integrierter Form

$$(\dot{N}_{l,0} - \dot{N}_l)(\tilde{x}_{1,0} - \tilde{y}_1) = 0, \tag{3.117}$$

daß, da $(\dot{N}_{l,0} - \dot{N}_l) \neq 0$ ist, die Dampfzusammensetzung $\tilde{y}_1$ gleich der Flüssigkeitszusammensetzung $\tilde{x}_1 = \tilde{x}_{1,0}$ sein muß, unabhängig davon wie gut oder schlecht der Stoffübergang in der Dampfphase ist. Abb. 3.19 zeigt das zugehörige Konzentrationsprofil. Der Stoffübergangswiderstand in der flüssigen Phase kann demnach die bevorzugte Verdampfung der leichter flüchtigen Komponente vollständig unterdrücken. Dieser Fall wird mit **lokaler Totalverdampfung** bezeichnet.

Die drei genannten Grenzfälle unterscheiden sich auch hinsichtlich des Temperaturverlaufes längs des Verdampferrohres. Bei der offenen Verdampfung steigt die Verdampfungstemperatur von der Siedetemperatur $\vartheta_S(\tilde{x}_{1,0})$ des eintretenden Gemisches $(\dot{N}_l/\dot{N}_{l,0} = 1)$ bis auf die Siedetemperatur der reinen schwerer flüchtigen Komponente $\vartheta_{S,2}(\dot{N}_l/\dot{N}_{l,0} = 0)$. Bei der geschlossenen Verdampfung dagegen endet dieser Temperaturanstieg bereits bei der Kondensationstemperatur $\vartheta_k(\tilde{y}_1 = \tilde{x}_{1,0})$ des austretenden Dampfes $(\dot{N}_l/\dot{N}_{l,0} = 0)$. Bei der lokalen Totalverdampfung ist die Verdampfungstemperatur konstant und gleich der Kondensationstemperatur $\vartheta_k(\tilde{y}_1 = \tilde{x}_{1,0})$. Diese Zusammenhänge sind in Abb. 3.20 nochmals graphisch veranschaulicht (um Mißverständnisse zu vermeiden, wäre der Ausdruck „lokale Brutalverdampfung“ zutreffender).

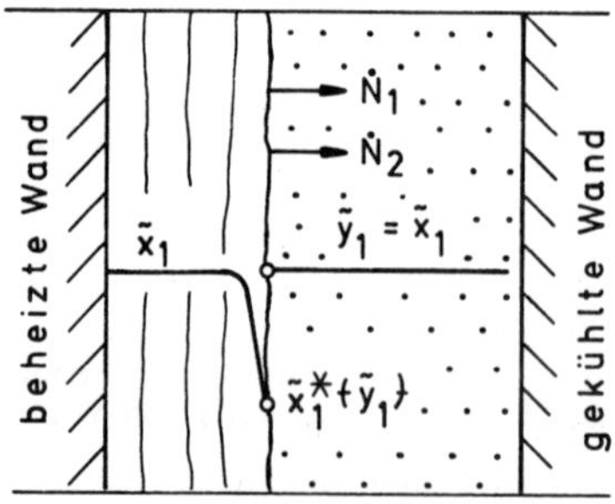

Abb. 3.19 Konzentrationsprofile bei der lokalen Totalverdampfung

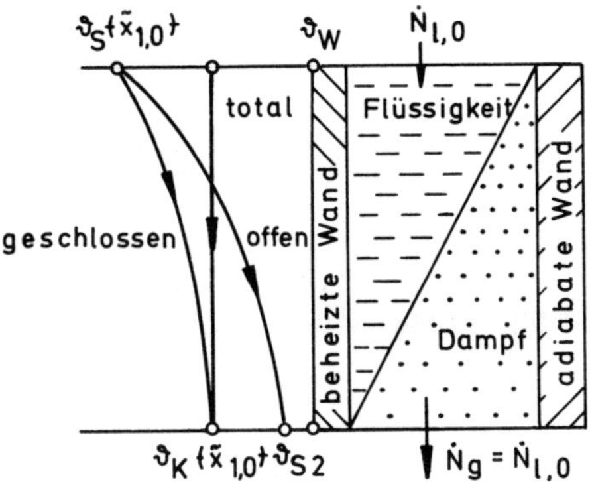

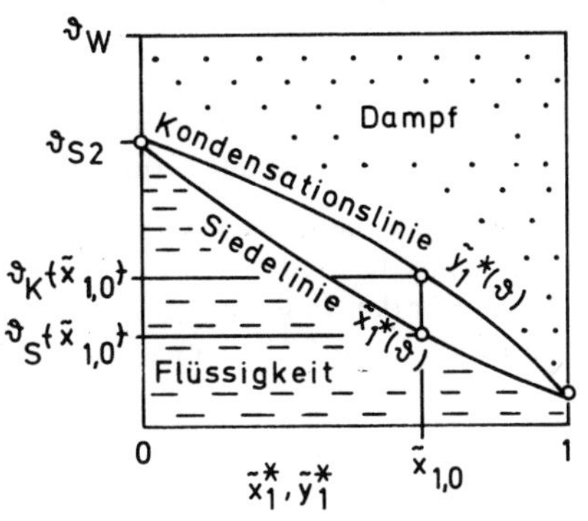

Abb. 3.20 Temperaturverläufe bei offener, geschlossener und lokaler Totalverdampfung

Bei gegebener Wandtemperatur sind in allen drei Fällen die mittleren Temperaturunterschiede verschieden. In der Praxis rechnet man meist mit geschlossener Verdampfung, wenn der Verdampfer aus engen, waagerechten Rohren besteht (gute turbulente Quervermischung der Dampfphase, d.h. $\beta_g \to \infty$) und mit offener Verdampfung, wenn der Verdampfer aus weiten, senkrechten Rohren besteht, Dünnschichtverdampfer mit großen Brüdenräumen (schlechte Quervermischung und schnelle Entfernung des entstandenen Dampfes). Ein möglicher Einfluß der Stoffübertragung in der flüssigen Phase macht sich in der Regel erst bei hohen Verdampfungsgeschwindigkeiten bemerkbar[11].

3.4.3 Kondensation am Rieselfilm

Zwischen Verdampfung und Kondensation am Rieselfilm besteht kein prinzipieller Unterschied, solange man von dem Phänomen der Blasenverdampfung, das bei großen Übertemperaturen der Wand auftreten kann, absieht. Demnach gelten die gleichen Bilanzen, Gleichgewichtshypothesen und kinetischen Ansätze wie bei der Verdampfung, mit dem einzigen Unterschied, daß die Vorzeichen aller Stoffströme senkrecht zur Phasengrenze, also $\dot{N}_1$, $\dot{N}_2$ und $\dot{N}$ umzukehren sind. Insbesondere gilt dann

$$d(\dot{N}_l + \dot{N}_g) = 0 \qquad (3.118)$$

$$d(\dot{N}_l \tilde{x}_1 + \dot{N}_g \tilde{y}_1) = 0 \qquad (3.119)$$

$$d\dot{N}_l + d\dot{N} = 0 \qquad (3.120)$$

$$d\dot{N}_g + d\dot{N} = 0 \qquad (3.121)$$

$$d(\dot{N}_l \tilde{x}_1) - d\dot{N}_1 = 0 \qquad (3.122)$$

$$d(\dot{N}_g \tilde{y}_1) + d\dot{N}_1 = 0 \qquad (3.123)$$

$$\dot{N}_1 = A_{Ph} n_g \beta_g \dot{r}_1 \ln \frac{\dot{r}_1 - \tilde{y}_{1,Ph}}{\dot{r}_1 - \tilde{y}_1} \qquad (3.124)$$

$$\dot{N}_1 = A_{Ph} n_l \beta_l \dot{r}_1 \ln \frac{\dot{r}_1 - \tilde{x}_1}{\dot{r}_1 - \tilde{x}_{1,Ph}} \qquad (3.125)$$

bzw.

$$\frac{\dot{r}_1 - \tilde{y}_1}{\dot{r}_1 - \tilde{y}_{1,Ph}} = \exp\left(-\frac{\dot{N}}{A_{Ph} n_g \beta_g}\right) \qquad (3.126)$$

$$\frac{\dot{r}_1 - \tilde{x}_{1,\mathrm{Ph}}}{\dot{r}_1 - \tilde{x}_1} = \exp\left(-\frac{\dot{N}}{A_{\mathrm{Ph}}\, n_l\, \beta_l}\right). \tag{3.127}$$

Auch bei der Kondensation können wir drei Grenzfälle unterscheiden: die **geschlossene**, die **offene** und die **totale** Kondensation.

Die **geschlossene Kondensation** ergibt sich für den Fall $\dot{N}/A_{\mathrm{Ph}} n_g \beta_g \to 0$ und $\dot{N}/A_{\mathrm{Ph}} n_l \beta_l \to 0$. Dann sind nach den Gln. (3.126) und (3.127) $\tilde{y}_1 = \tilde{y}_{1,\mathrm{Ph}} = \tilde{y}_1^*(\tilde{x}_1)$ und $\tilde{x}_1 = \tilde{x}_{1,\mathrm{Ph}} = \tilde{x}_1^*(\tilde{y}_1)$. Für den Fall, daß am Rohreintritt nur Dampf vorliegt, d. h. $\dot{N}_{l,0} = 0$ ist, folgt aus den Bilanz- und Gleichgewichtsbeziehungen

$$\frac{\dot{N}_g}{\dot{N}_{g,0}} = \frac{\tilde{y}_{1,0} - \tilde{x}_1^*(\tilde{y}_1)}{\tilde{y}_1 - \tilde{x}_1^*(\tilde{y}_1)}, \tag{3.128}$$

worin

$$\tilde{x}_1^* = \frac{\tilde{y}_1/\alpha_T}{1 + (1/\alpha_T - 1)\,\tilde{y}_1} \tag{3.129}$$

ist.

Die **offene Kondensation** liegt vor, wenn $\dot{N}/A_{\mathrm{Ph}} n_g \beta_g = 0$, jedoch $\dot{N}/A_{\mathrm{Ph}} n_l \beta_l \to \infty$ geht. Dann ist nach Gl. (3.127)

$$\dot{r}_1 = \tilde{x}_{1,\mathrm{Ph}} = \tilde{x}_1^*(\tilde{y}_1). \tag{3.130}$$

Aus den Bilanzgleichungen (3.120) und (3.123) folgt außerdem

$$\frac{\dot{N}_g}{\dot{N}_{g,0}} = \exp \int_{\tilde{y}_{1,0}} \frac{\mathrm{d}\tilde{y}_1}{\dot{r} - \tilde{y}_1}. \tag{3.131}$$

Die Lösung dieses Integrales mit $\dot{r} = \tilde{x}_1^*(\tilde{y}_1)$ führt auf die Funktion $\dot{N}_g/\dot{N}_{g,0} = f(\tilde{y}_1, \tilde{y}_{1,0})$, die den Fall der offenen Kondensation beschreibt.

Die **lokale Totalkondensation** liegt vor, wenn $\dot{N}/A_{\mathrm{Ph}} n_g \beta_g \to \infty$ geht, dann folgt aus Gl. (3.126)

$$\dot{r}_1 = \tilde{y}_1$$

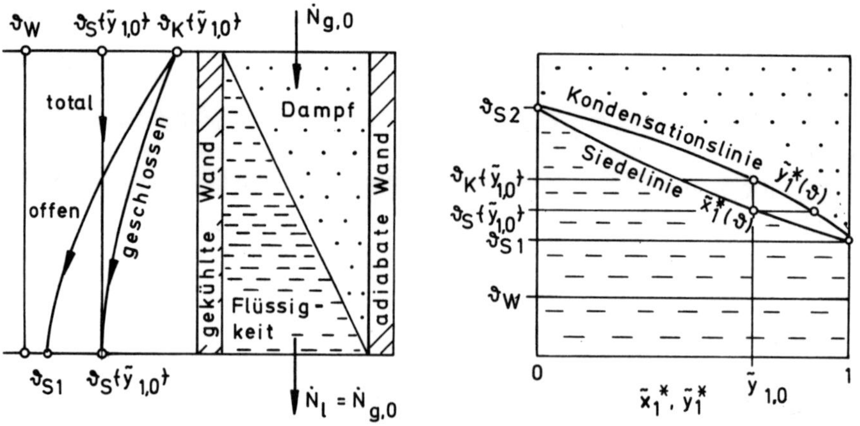

Abb. 3.21 Temperaturverläufe bei offener, geschlossener und lokaler Totalkondensation (zutreffender wäre „lokale Brutalkondensation")

und damit aus Gl. (3.131)

$$\frac{d\tilde{y}_1}{d\ln\dot{N}_g} = \dot{r}_1 - \tilde{y}_1 = 0.$$

Das heißt, daß sich die Zusammensetzung des Dampfes während der Kondensation nicht ändert und demnach an jeder Stelle des Kondensatorrohres die Zusammensetzung des Kondensates $\tilde{x}_1$ gleich der des Dampfes $\tilde{y}_1$ ist.

Die zugehörigen Temperaturverläufe für die drei Grenzfälle der Kondensation sind in Abb. 3.21 dargestellt.

Bei der offenen Kondensation sinkt die Kondensationstemperatur bis auf die der reinen leichter flüchtigen Komponente $\vartheta_{S,1}$ ab, bei der geschlossenen Kondensation dagegen nur bis auf die zur Anfangszusammensetzung $\tilde{y}_{1,0}$ gehörende Siedetemperatur $\vartheta_S(\tilde{y}_{1,0})$. Bei der Totalkondensation bleibt die Kondensationstemperatur konstant und gleich der Temperatur $\vartheta_S(\tilde{y}_{1,0})$.

Beispiel 3.5

Ein Kältemittelgemisch bestehend aus 50% (Massengehalt) R 11 (CF_3Cl) und 50% (Massengehalt) R 113 ($C_2F_3Cl_3$) wird bei 1 bar zu 90% in einem Fallfilmverdampfer mit großem Brüdenraum eingedampft. Welche Zusammensetzung hat die Restflüssigkeit, wenn die aufgeprägte Wärmestromdichte $\dot{q}$ einmal 5000 W/m² und zum anderen 50 000 W/m² beträgt? Die Verdampfungsenthalpie beträgt $\Delta h_v = 160$ kJ/kg Gemisch, die Dichte der Flüssigkeit $\varrho_l = 1500$ kg/m³ und die relative Flüchtigkeit $\alpha_T = 2{,}4$ (R 11 ist das Leichtersiedende). Der Stoffübergangskoeffizient in der flüssigen Phase hat den Zahlenwert von $\beta_l = 2 \cdot 10^{-4}$ m/s.

Lösung:

Wegen des großen Brüdenraumes liegt offene Verdampfung vor, d.h. es gelten die Gln. (3.91). Berechnung von K_l:

$$K_l = \exp\left(-\frac{\dot{N}}{A_{Ph} n_l \beta_l}\right) = \exp\left(-\frac{\dot{q}}{\Delta h_v \varrho_l \beta_l}\right)$$

Tab. 3.1 Auswertung

$\tilde{x}_1$	$1/(\dot{r}_1 - \tilde{x}_1)$	$\int_{0,5}^{x}$	$N_l/N_{l,0}$	$N_l/N_{l,0}$
0,50	13,20	0,00	1,00	1,00
0,45	13,52	− 0,67	0,51	0,79
0,40	14,14	− 1,36	0,26	0,62
0,35	15,14	− 2,09	0,12	0,49
0,30	16,65	− 2,88	0,06	0,39
0,25	18,94	− 3,77	0,02	0,30
0,20	22,55	− 4,81	0,01	0,23
0,15	28,77	− 6,09	0,002	0,17
0,10	41,43			0,12
0,05	79,83			0,06
0,00			0,00	0,00
			$K_l = 0{,}353$	$K_l = 1$

a) $K_l = 0{,}901$ für $\dot{q} = 5\,000\ \mathrm{W/m^2}$

b) $K_l = 0{,}353$ für $\dot{q} = 50\,000\ \mathrm{W/m^2}$.

Im Fall **a)** ist $K_l \approx 1$, d. h. die Eindampfung erfolgt praktisch im Gleichgewicht, und es gilt Gl. (3.89):

$$\frac{N_l}{N_{l,0}} = \left(\frac{\tilde{x}_1}{\tilde{x}_{1,0}}\right)^{\frac{1}{\alpha_T - 1}} \cdot \left(\frac{1 - \tilde{x}_{1,0}}{1 - \tilde{x}_1}\right)^{\frac{\alpha_T}{\alpha_T - 1}}.$$

Daraus folgt mit $N_l/N_{l,0} = 0{,}10$ für $\tilde{x}_1$ der Wert 0,08.

Im Fall **b)** ist das vollständige Gleichungssystem (3.91) zu lösen, s. Tab. 3.1 und Graphik ($\tilde{x}_1 = 0{,}33$).

Man erkennt, daß die Verdampfung bei starker Wärmezufuhr weniger selektiv ist.

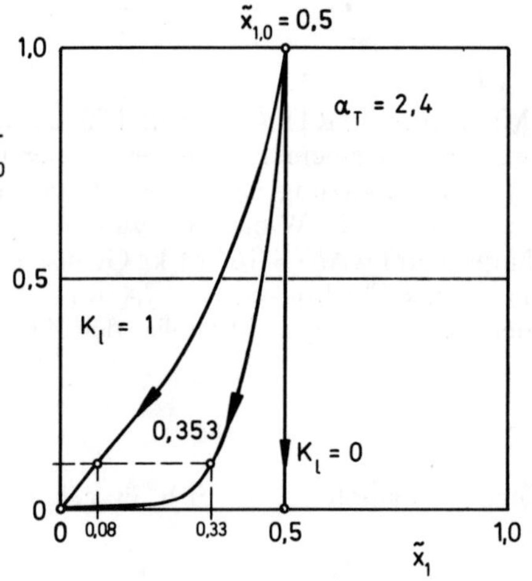

3.5 Physikalische Absorption von Gasen in Flüssigkeiten

Gase lösen sich in Flüssigkeiten in unterschiedlichem Maße. Man unterscheidet zwischen physikalischer und chemischer Absorption. Letztere liegt dann vor, wenn im Lösungsmittel ein weiterer Stoff gelöst ist, mit dem das Gas reagieren kann. Ein Beispiel ist die Absorption von CO_2 in Wasser, die man als physikalische Absorption bezeichnet, während die Absorption dieses Gases in wäßriger Natronlauge unter den Begriff der chemischen Absorption fällt, da CO_2 mit NaOH zu $NaHCO_3$ und Na_2CO_3 reagiert. Dabei darf nicht übersehen werden, daß das absorbierte Gas auch mehr oder weniger mit dem Lösungsmittel reagieren kann. So z. B. bildet CO_2 in Wasser HCO_3^- und H_2CO_3. Dennoch spricht man bei diesem Vorgang von physikalischer Absorption, da außer dem Gas und dem Lösungsmittel kein weiterer Stoff zugegen ist.

Die Sättigung eines Lösungsmittel mit einem Gas wird mit Hilfe des Massenwirkungsgesetzes berechnet. Die entsprechenden Gleichgewichtskonstanten werden in der Literatur in verschiedenen Formen angegeben, u. a. als technischer Löslichkeitskoeffizient λ_j, als

Bunsen'scher Löslichkeitskoeffizient α_j oder als sog. Henry-Konstante H_j [12]. Bezeichnet man die gelöste Gasmenge mit $V^0_{g,j}/\mathrm{cm}^3_N$ oder mit $N_{g,j}/\mathrm{mol}$, die Lösungsmittelmenge mit N_l/mol oder mit M_l/g oder mit V_l/cm^3 und den Partialdruck des Gases mit p_j/bar, so gelten folgende Definitionen:

$$\lambda_j = \frac{V^0_{g,j}}{M_l p_j} \tag{3.132}$$

$$\alpha_j = \frac{V^0_{g,j}}{V_l p_j} \tag{3.133}$$

$$H_j = \frac{N_l p_j}{N_{g,j}}. \tag{3.134}$$

Mit der molaren Normdichte des Gases von $n^0_g = 1/22{,}4\ \mathrm{mol}/1000\ \mathrm{cm}^3_N$, der Dichte des Lösungsmittels ϱ_l und der Molmasse des Lösungsmittels $\tilde{M}_l$ ergeben sich folgende Umrechnungen:

$$\alpha_j = \lambda_j \varrho_l \tag{3.135}$$

$$H_j = 1/n^0_g \tilde{M}_l \lambda_j. \tag{3.136}$$

Oft wird die Gleichgewichtskonstante in der Form

$$K_j = \frac{\tilde{y}^*_j}{\tilde{X}^*_j} \tag{3.137}$$

benötigt. Sie folgt mit dem Molenbruch in der Gasphase $\tilde{y}_j = p_j/p$, worin p der Gesamtdruck ist und der Molbeladung der flüssigen Phase $\tilde{X}_j = N_{g,j}/N_l$ zu

$$K_j = \frac{H_j}{p}. \tag{3.138}$$

Bei Normaldruck und 20 °C lösen sich in einem Liter Wasser etwa 20 cm³ Luft, etwa 1 *l* Kohlendioxid und etwa 700 *l* Ammoniak. Die Molbeladungen des Wassers sind in der Regel relativ gering; sie betragen für Luft $1{,}6 \cdot 10^{-5}$, für Kohlendioxid $0{,}8 \cdot 10^{-3}$ und für Ammoniak 0,56. Abgesehen von Ammoniak sind die Molbeladungen für die meisten technischen Gase unter 1%.

Zur Beschreibung der Stoffübertragung von der Phasengrenzfläche in das Innere der flüssigen Phase verwendet man folgenden Ansatz:

$$\dot{N}_j = A_{Ph} n_l \beta_{l,j} (\tilde{X}_{j,Ph} - \tilde{X}_j) \tag{3.139}$$

$\dot{N}_j$ ist der durch die Phasengrenzfläche A_{Ph} hindurchtretende Molenstrom der Gaskomponente j, n_l ist die molare Dichte des Lösungsmittels und $\beta_{l,j}$ der flüssigseitige Stoffübergangskoeffizient. Er ist von der Größenordnung 10^{-5} bis 10^{-3} m/s. Für Abschätzungszwecke ist 10^{-4} m/s ein brauchbarer Mittelwert. Der lineare Ansatz nach Gl. (3.139) ist durch die in der Regel sehr niedrigen Werte der Flüssigkeitsbeladungen gerechtfertigt.

Zur Bestimmung der Molbeladung an der Phasengrenzfläche wird in der Regel von der Annahme ausgegangen, daß dort die flüssige und die gasförmige Phase im Gleichgewicht stehen, d. h. daß

$$\tilde{X}_{j,Ph} = \tilde{X}^*_{j,Ph} \tag{3.140}$$

ist.

Bringt man z. B. reines CO_2-Gas mit gasfreiem Wasser ($\tilde{X}_{CO_2} = 0$) in Kontakt, so wird es – wenn man $\beta_{l,j} = 10^{-4}$ m/s setzt – mit einer Molenstromdichte $\dot{N}_{CO_2}/A_{Ph} = 55 \cdot 10^{-4} \cdot 0{,}8 \cdot 10^{-3} = 4{,}4 \cdot 10^{-6}$ kmol/m^2 s absorbiert. Das heißt, das CO_2-Gas strömt mit einer Geschwindigkeit v_g von ca. 10^{-4} m/s oder 0,10 mm/s auf die Wasseroberfläche zu.

Zur Beschreibung der Absorptionsgeschwindigkeit von Gasgemischen kann Gl. (3.139) auf jede einzelne Komponente angewendet werden, solange die Komponenten nicht untereinander reagieren. Dies ist sicher der Fall bei den Edelgasen und den einfachen permanenten Gasen. Bei der gleichzeitigen Absorption von z. B. CO_2 und NH_3 in Wasser ist diese Bedingung indessen nicht mehr erfüllt, da beide Komponenten im Wasser miteinander reagieren und u. a. $H_2NCOONH_4$, $(NH_4)_2CO_3$ bilden. In den nachfolgenden Betrachtungen sollen indessen jegliche Wechselwirkungen der gelösten Gase ausgeschlossen sein.

Werden Gasgemische absorbiert, so entstehen als Folge endlicher Stoffübergangswiderstände auch Konzentrationsunterschiede in der Gasphase. Sofern die Absorptionsgeschwindigkeit $v_g = \sum \dot{N}_j / A_{Ph} n_g$ klein gegen die Diffusionsgeschwindigkeit, ausgedrückt durch den gasseitigen Stoffübergangskoeffizienten $\beta_{g,j}$ ist, kann auch für die Stoffübertragung aus der Gasphase heraus der einfache lineare Ansatz

$$\dot{N}_j = A_{Ph} n_g \beta_{g,j} (\tilde{y}_j - \tilde{y}_{j,Ph}) \tag{3.141}$$

gemacht werden. n_g ist die molare Dichte des Gasgemisches, $\tilde{y}_j$ und $\tilde{y}_{j,Ph}$ sind die Molenbrüche der jeweiligen Gaskomponente im Kern und an der Phasengrenze, $\beta_{g,j}$ ist der gasseitige Stoffübergangskoeffizient. Er ist von der Größenordnung 10^{-3} bis 1 m/s. Für Abschätzungen ist 10^{-2} m/s ein brauchbarer Mittelwert. Für den Molenbruch an der Phasengrenze gilt wiederum das Obengesagte; es sei

$$\tilde{y}_{j,Ph} = \tilde{y}^*_{j,Ph}, \tag{3.142}$$

worin $\tilde{y}^*_j$ der zu $\tilde{X}^*_j$ gemäß Gl. (3.137) gehörende Gleichgewichtswert ist.

Man kann nun die Stoffübergangskoeffizienten $\beta_{g,j}$ und $\beta_{l,j}$ zu sog. Stoffdurchgangskoeffizienten $k_{g,j}$ bzw. $k_{l,j}$ zusammenfassen, wenn man wie folgt vorgeht:

Wir ersetzen in Gl. (3.139) $\tilde{X}_{j,Ph}$ durch $\tilde{y}^*_{j,Ph}$ und X_j durch $\tilde{y}^*_j$ mit Hilfe von Gl. (3.137) und erhalten

$$\dot{N}_j = A_{Ph} n_l \beta_{l,j} \frac{1}{K_j} (\tilde{y}^*_{j,Ph} - \tilde{y}^*_j). \tag{3.143}$$

Hierin ist $\tilde{y}^*_j$ die zur Konzentration $\tilde{X}_j$ im **Kern** der Flüssigkeit gehörende Gleichgewichtskonzentration der Gasphase. Die Zusammenfassung der Gln. (3.143), (3.141) und (3.142) ergibt

$$\dot{N}_j = A_{Ph} n_g k_{g,j} (\tilde{y}_j - \tilde{y}^*_j), \tag{3.144}$$

worin

$$\frac{1}{n_g k_{g,j}} = \frac{1}{n_g \beta_{g,j}} + \frac{K_j}{n_l \beta_{l,j}} \tag{3.145}$$

ist. $k_{g,j}$ ist der auf die (fiktive) Konzentrationsdifferenz $(\tilde{y}_j - \tilde{y}^*_j)$ in der Gasphase bezogene Stoffdurchgangskoeffizient für die Komponente j.

In gleicher Weise kann man in Gl. (3.141) $\tilde{y}_j$ durch $\tilde{X}^*_j$ ersetzen und erhält dann

$$\dot{N}_j = A_{Ph} n_l k_{l,j} (\tilde{X}^*_j - \tilde{X}_j), \tag{3.146}$$

worin

$$\frac{1}{n_l k_{l,j}} = \frac{1}{n_l \beta^0_{l,j}} + \frac{1}{K_j n_g \beta^\Theta_{g,j}} \tag{3.147}$$

ist. $\tilde{X}^*_j$ ist die zur Konzentration $\tilde{y}_j$ im **Kern** der Gasphase gehörende Gleichgewichtskonzentration der flüssigen Phase. $k_{l,j}$ ist der auf die (fiktive) Konzentrationsdifferenz $(\tilde{X}^*_j - \tilde{X}_j)$ bezogene Stoffdurchgangskoeffizient für die Komponente j.

Die Gleichgewichtskonstante K_j hat z. B. für CO_2 in Wasser den Wert von ca. 1500. Damit folgt $n_l \beta_{l,CO_2}/K_{CO_2} n_g \beta_{g,CO_2} = 0{,}008$. Für Luft betrüge dieser Wert 0,0002, für Ammoniak 5,6. Hieraus folgt, daß bei der Absorption eines CO_2-Luftgemisches in Wasser die Absorptionsgeschwindigkeit allein durch die flüssigseitigen Stoffübergangswiderstände $1/\beta_{l,j}$ bestimmt wird, die $1/\beta_{g,j}$ spielen keine Rolle. Bei der Absorption eines NH_3-Luftgemisches ist es eher umgekehrt; dort dominiert der gasseitige Stoffübergangswiderstand $1/\beta_{g,j}$.

Welchen der beiden Ansätze, den nach Gl. (3.144) und (3.145) oder den nach Gl. (3.146) und (3.147) man benutzt, ist eine Zweckmäßigkeitsfrage. Oft richtet sich die Entscheidung danach, in welcher Phase die größeren Konzentrationsänderungen zu erwarten sind.

3.5.1 Absorption bei großem Lösungsmittelüberschuß

Betrachten wir die Absorption einzelner Gasblasen in einer ausgedehnten Lösungsmittelmenge, so bleibt wegen des großen Lösungsmittelüberschusses die Lösungsmittelbeladung $\tilde{X}_j$ konstant. Zur Beschreibung der Absorptionsgeschwindigkeit benutzen wir daher zweckmäßig die Gln. (3.144) und (3.145). Beschränken wir uns auf die Absorption von Gasen, deren Löslichkeit nicht nennenswert größer ist als die von CO_2 in Wasser, so lautet der kinetische Ansatz

$$\dot{N}_j = A_{Ph} n_l \beta_{l,j} K'_j (\tilde{y}_j - \tilde{y}^*_j), \tag{3.148}$$

worin $K'_j = 1/K_j = \lambda_j n^0_g \tilde{M}_l p$ ist.

Sind gleichzeitig mehrere Gase gelöst, so ist das Lösungsmittel gesättigt, wenn $\sum \tilde{y}^*_j = 1$ ist. Ist $\sum \tilde{y}^*_j > 1$, so liegt Übersättigung vor, ist $\sum \tilde{y}^*_j < 1$, ist das Lösungsmittel ungesättigt.

Absorption reiner Gase

Zur Beschreibung der Absorption einer aus einem reinen Gas bestehenden Gasblase ist der kinetische Ansatz nach Gl. (3.148) mit der Mengenbilanz für die Gasblase

$$\dot{N}_j + \frac{d(G\tilde{y}_j)}{dt} = 0 \tag{3.149}$$

zusammenzufügen. Da für ein reines Gas $\tilde{y}_j = 1$ ist, folgt

$$\dot{N}_j + n_g A_{Ph} \frac{dR}{dt} = 0, \tag{3.150}$$

worin A_{Ph} die Blasenoberfläche und R der momentane Blasenradius sind. Elimination von $\dot{N}_j$ liefert

$$n_l \beta_{l,j} K'_j (1 - \tilde{y}^*_j) = -n_g \frac{dR}{dt} \tag{3.151 a}$$

bzw.

$$n_l \beta_{l,j}(\tilde{X}_j^* - \tilde{X}_j) = -n_g \frac{dR}{dt}. \tag{3.151 b}$$

Die Auflösungszeit einer Gasblase mit einem Anfangsradius R_0 in einer gasfreien Flüssigkeit, d.h. $\tilde{y}_j^* = 0$ bzw. $\tilde{X}_j = 0$, beträgt demnach

$$t_A = \frac{n_g R_0}{n_l \beta_{l,j} K_j'}. \tag{3.152}$$

Man erkennt, daß die Auflösungszeit der Löslichkeit K_j' umgekehrt proportional ist. Für eine CO_2-Blase von 2 mm Anfangsdurchmesser bei 1 bar und 20 °C errechnet man mit $n_g = 1/24$ kmol/m³, $n_l = 1000/18 = 55{,}5$ kmol/m³, $\beta_{l,CO_2} = 10^{-4}$ m/s und $K'_{CO_2} = 0{,}68 \cdot 10^{-3}$ eine Auflösungszeit in gasfreiem Wasser von $t_A = 21{,}7$ Sekunden. Für eine Luftblase von gleicher Größe erhielte man mit $\beta_{l,\mathrm{Luft}} \cong \beta_{l,CO_2}$ und $K'_{\mathrm{Luft}} = 0{,}0147 \cdot 10^{-3}$ eine Zeit von 1003 Sekunden = 16,7 Minuten.

Absorption von Gasgemischen

Als Nächstes analysieren wir die Auflösung von Gasblasen, die aus binären Gasgemischen bestehen. Aus den Mengenbilanzen für die Gasblase

$$\dot{N}_1 + \dot{N}_2 + \frac{dG}{dt} = 0 \tag{3.153}$$

$$\dot{N}_1 + \frac{d(G\tilde{y}_1)}{dt} = 0 \tag{3.154}$$

folgt mit dem relativen Strom der Komponente 1

$$\dot{r}_1 = \frac{\dot{N}_1}{(\dot{N}_1 + \dot{N}_2)} \tag{3.155}$$

der Zusammenhang zwischen Menge G und Zusammensetzung der Gasblase

$$\frac{G}{G_0} = \exp \int_{y_{1,0}} \frac{d\tilde{y}_1}{\dot{r}_1 - \tilde{y}_1}. \tag{3.156}$$

Der relative Strom $\dot{r}_1$ folgt aus den kinetischen Ansätzen nach Gl. (3.148) zu

$$\dot{r}_1 = \frac{\tilde{y}_1 - \tilde{y}_1^*}{(\tilde{y}_1 - \tilde{y}_1^*) + C_0[(1 - \tilde{y}_1) - \tilde{y}_2^*]}, \tag{3.157}$$

worin

$$C_0 = \frac{K_2' \beta_{l,2}}{K_1' \beta_{l,1}} \tag{3.158}$$

ist. Der Parameter C_0, der sowohl vom Gleichgewicht wie auch von der Kinetik der Absorption bestimmt ist, steuert die Selektivität, d.h. die Änderung der Blasenzusammensetzung während der Auflösung der Gasblase. Für $C_0 = 1$ ist bei der Auflösung in gasfreiem Lösungsmittel ($\tilde{y}_1^* = 0$ und $\tilde{y}_2^* = 0$) nach Gl. (3.157) stets $\dot{r}_1 = \tilde{y}_1$, woraus nach Gl. (3.156) $d\tilde{y}_1 = 0$ folgt, d.h. die Absorption ist nicht selektiv, die Zusammensetzung der Gasblase bleibt während der Auflösung konstant.

Im allgemeinen Fall (C_0 beliebig) hat Gl. (3.156) nach Einsetzen der Gl. (3.157) die Lösung:

$$\frac{G}{G_0} = \left[\frac{\tilde{y}_{1,0} - \tilde{y}_{1c}^-}{\tilde{y}_1 - \tilde{y}_{1c}^-}\right]\left[\frac{\tilde{y}_{1,0} - \tilde{y}_{1c}^+}{\tilde{y}_1 - \tilde{y}_{1c}^+}\right]\left[\frac{(\tilde{y}_1 - \tilde{y}_{1c}^+)(\tilde{y}_{1,0} - \tilde{y}_{1c}^-)}{(\tilde{y}_1 - \tilde{y}_{1c}^-)(\tilde{y}_{1,0} - \tilde{y}_{1c}^+)}\right]^m, \tag{3.159}$$

worin

$$2\tilde{y}_{1c}^{\pm} = \frac{1 - C_0(1 - \tilde{y}_2^*) + \tilde{y}_1^*}{1 - C_0}\left[1 \pm \sqrt{1 - \frac{4\tilde{y}_1^*(1 - C_0)}{(1 - C_0(1 - \tilde{y}_2^*) - \tilde{y}_1^*)^2}}\right] \tag{3.160}$$

und

$$2m = \frac{1 + C_0(1 - \tilde{y}_2^*) - \tilde{y}_1^*}{1 - C_0(1 - \tilde{y}_2^*) + \tilde{y}_1^*} \cdot \frac{1}{\pm\sqrt{1 - \frac{4\tilde{y}_1^*(1 - C_0)}{(1 - C_0(1 - \tilde{y}_2^*) + \tilde{y}_1^*)^2}}} \tag{3.161}$$

sind. $\tilde{y}_{1c}^+$ und $\tilde{y}_{1c}^-$ sind zwei Polstellen des Integranden in Gl. (3.156) und errechnen sich nach Gl. (3.157) aus der Bedingung $\dot{r}_1 = \tilde{y}_1$.

Man erkennt, daß der Zusammenhang zwischen der momentanen Gasmenge G in der Blase sowie der momentanen Gaszusammensetzung $\tilde{y}_1$, abgesehen von den Vorbeladungen des Lösungsmittels $\tilde{X}_1 = K_1'\tilde{y}_1^*$ und $\tilde{X}_2 = K_2'\tilde{y}_2^*$, nur vom Selektivitätsparameter $C_0 = K_2'\beta_{l,2}/K_1'\beta_{l,1}$ abhängt.

Die Gln. (3.159) bis (3.161) enthalten einige Sonderfälle, deren Diskussion für das Verständnis des Zusammenhanges zwischen Blasengröße $G \sim R^3$ und Blasenzusammensetzung $\tilde{y}_1$ nützlich ist.

Sonderfall i): $C_0 = 1$.

$$\frac{G}{G_0} = \left[\frac{\tilde{y}_1 - \tilde{y}_1^*/(\tilde{y}_1^* + \tilde{y}_2^*)}{\tilde{y}_{1,0} - \tilde{y}_1^*/(\tilde{y}_1^* + \tilde{y}_2^*)}\right]^{\left[\frac{1}{\tilde{y}_1^* + \tilde{y}_2^*} - 1\right]}. \tag{3.162}$$

Die Selektivität wird allein durch die Vorbeladungen des Lösungsmittels $\tilde{y}_1^*$ und $\tilde{y}_2^*$ bestimmt. Sind diese Null, ist $\tilde{y}_1$ konstant. Ist z.B. $\tilde{y}_1^* = 0$ und $\tilde{y}_{1,0} = 1$, so folgt

$$\frac{G}{G_0} = (\tilde{y}_1)^{\left[\frac{1 - \tilde{y}_2^*}{\tilde{y}_2^*}\right]}. \tag{3.163}$$

Ist $\tilde{y}_2^* = 1$, so bleibt die Blasengröße konstant, ihre Zusammensetzung hingegen nicht. Zu Anfang besteht die Blase aus reinem Gas 1, am Ende aus reinem Gas 2; es hat ein äquimolarer Stoffaustausch stattgefunden.

Ist z.B. $\tilde{y}_2^* = 0{,}5$, so ist $G/G_0 = \tilde{y}_1$. Die momentane Zusammensetzung der Blase $\tilde{y}_1$ ist der momentanen Blasengröße G proportional. Da die Blase am Anfang aus reinem Gas 1, am Ende aus reinem Gas 2 besteht und sie insgesamt im Lösungsmittel verschwindet, muß der Diffusionsstrom der Komponente 2 am Anfang in die Blase hinein, gegen Ende jedoch in das Lösungsmittel hinein gerichtet sein. Man kann diese Umkehr des Diffusionsstromes $\dot{N}_2$ unmittelbar anhand der Gl. (3.157) erkennen, aus der für $C_0 = 1$ und $\tilde{y}_1^* = 0$

$$\dot{r}_1 = \frac{\tilde{y}_1}{1 - \tilde{y}_2^*} \tag{3.164}$$

folgt. Mit $\tilde{y}_2^* = 0{,}5$ ist $\dot{r}_1 = 2\tilde{y}_1$. Da am Anfang $\tilde{y}_1 = 1$ ist, folgt $\dot{r}_2 = 1 - \dot{r}_1 = -1$; d.h. der Diffusionsstrom der Komponente 2 ist in die Blase hineingerichtet. Hat das Blasenvolumen auf die Hälfte abgenommen, ist auch $\tilde{y}_1 = 0{,}5$ und $\dot{r}_2 = 0$. Bei weiterer Abnahme der Blasengröße wird dann $\dot{r}_2 > 0$, d. h. der Diffusionsstrom der Komponente 2 ist in das Lösungsmittel hineingerichtet. Es sei darauf hingewiesen, daß diese Richtungsumkehr allein durch die Vorgabe der Vorbeladungen des Lösungsmittels $\tilde{y}_1^*$ und $\tilde{y}_2^*$ zustande kommt, nicht jedoch durch unterschiedliche Diffusionsgeschwindigkeiten oder unterschiedliche Gleichgewichte, denn $C_0 = 1$ kann $\beta_{l,1} = \beta_{l,2}$ und $K_1' = K_2'$ bedeuten.

Sonderfall ii): $\tilde{y}_1^* + \tilde{y}_2^* = 1$.

Das Lösungsmittel ist stets gesättigt. In diesem Fall ist $\dot{r}_1 = 1/(1 - C_0)$ und Gl. (3.156) hat die Lösung

$$\frac{G}{G_0} = \frac{1 + (C_0 - 1)\,\tilde{y}_{1,0}}{1 + (C_0 - 1)\,\tilde{y}_1}. \tag{3.165}$$

Ist z. B. $\tilde{y}_1^* = 0$ und $\tilde{y}_2^* = 1$ und $\tilde{y}_{1,0} = 1$, d. h. bringt man eine aus reinem Gas 1 bestehende Blase in eine mit dem reinen Gas 2 gesättigte Flüssigkeit, so muß nach hinreichender Verweilzeit $\tilde{y}_1 \to 0$ gehen. Damit liefert Gl. (3.165)

$$\frac{G_\infty}{G_0} = C_0 = \frac{K_2' \beta_{l,2}}{K_1' \beta_{l,1}}. \tag{3.166}$$

Hieraus folgt, daß in diesem Fall ein endliches Blasenendvolumen existiert und daß dessen Größe sowohl vom Gleichgewicht wie auch von der Kinetik bestimmt ist. Beim Erreichen dieses Endvolumens besteht die Blase aus dem reinen Gas 2.

Sonderfall iii): $\tilde{y}_1^* = 0$ und $0 < \tilde{y}_2^* < 1$ sowie $C_0 \gg 1$.

Die Blase enthält mehr oder weniger eine sehr gut lösliche Komponente 2 (z. B. CO_2) und eine schlecht lösliche Komponente 1 (z. B. N_2). Das Lösungsmittel enthält keine Komponente 1 und ist mit der Komponente 2 mehr oder weniger gesättigt. Abb. 3.22 zeigt die Lösung der Gln. (3.159) bis (3.161) für $C_0 = 56$, was dem Gemisch CO_2-N_2-Wasser entspricht, und $\tilde{y}_{1,0} = 1$, d. h. die Blase besteht am Anfang aus der reinen, schlecht löslichen Komponente 1 (N_2). Parameter ist die Vorbeladung des Lösungsmittels mit der gut löslichen Komponente 2 (CO_2), $\tilde{y}_2^* = K_2 \tilde{X}_2$. Für gesättigtes Lösungsmittel, d. h. $\tilde{y}_2^* = 1$, ergibt sich Gl. (3.165). Das Blasenvolumen nimmt mit abnehmendem Gehalt $\tilde{y}_1$ zu und erreicht für $\tilde{y}_1 = 0$ den Wert $G = C_0 G_0$. Für $\tilde{y}_2^* < 1$ nimmt G zunächst ebenfalls zu, erreicht einen Maximalwert und nimmt dann bei praktisch konstanter Konzentration $\tilde{y}_1 \cong \tilde{y}_{1c}$ bis auf Null ab. Die maximale Ausdehnung der Blase wird erreicht, wenn $\dot{N}_1 + \dot{N}_2 = 0$ ist. In diesem Moment herrscht äquimolare Diffusion und $\dot{r}_1$ geht gegen unendlich. Dies folgt unmittelbar aus Gl. (3.156), wenn man dort $\mathrm{d}\ln(G/G_0)/\mathrm{d}\tilde{y}_1 = 0$ setzt. Die Blasenkonzentration hat an dieser Stelle den Wert

$$\tilde{y}_{1,\mathrm{extr}} = \frac{[\tilde{y}_1^* - C_0(1 - \tilde{y}_2^*)]}{(1 - C_0)}. \tag{3.167}$$

was aus Gl. (3.157) folgt, wenn man dort den Nenner Null setzt. Für $\tilde{y}_1^* = 0$ ist $\tilde{y}_{1,\mathrm{extr}} = C_0(1 - \tilde{y}_2^*)/(C_0 - 1) \cong \tilde{y}_{1c}$.

Auch in diesem Fall beobachten wir eine Umkehr des Diffusionsstromes der gut löslichen Komponente 2 (CO_2), die zunächst in die Blase hineindiffundiert und gegen Ende wieder hinaus. Bemerkenswert ist, daß die Rückdiffusion der Komponente 2 mit sehr kleinem Konzentrationsgefälle, nämlich mit $\Delta\tilde{y}_2 = ((1 - \tilde{y}_{1c}) - \tilde{y}_2^*)$ erfolgt. Bei $\tilde{y}_2^* = 0{,}50$ beträgt $\Delta\tilde{y}_2$ nur 0,0091, s. Abb. 3.22. Daraus folgt, daß sich die Komponente 2 praktisch im Gleichgewicht befindet und ihre Rückdiffusion mit der Stoffübergangsgeschwindigkeit der schlecht löslichen Komponente 1 erfolgt! Dies wird noch deutlicher, wenn man den Verlauf der Blasengröße G über der Zeit verfolgt.

Hierzu greifen wir zurück auf die Gln. (3.148) und (3.153) und erhalten:

$$-\frac{dG}{dt} = \dot{N}_1 + \dot{N}_2 = A_{Ph} n_l \beta_{l,1} K_1' [(1 - C_0)\,\tilde{y}_1 + C_0(1 - \tilde{y}_2^*) - \tilde{y}_1^*]. \qquad (3.168)$$

Für $\tilde{y}_1^* + \tilde{y}_2^* = 1$ vereinfacht sich diese Beziehung zu:

$$-\frac{dG}{dt} = A_{Ph} n_l \beta_{l,1} K_1' (1 - C_0)(\tilde{y}_1 - \tilde{y}_1^*). \qquad (3.169)$$

Elimination von $\tilde{y}_1$ mit Hilfe der Gl. (3.165), Einführung der Zeitkonstanten

$$t_R = \frac{n_g R_0}{n_l \beta_{l,1} K_1'} \frac{1}{1 + (C_0 - 1)\,\tilde{y}_1^*}$$

und des relativen Blasenradius

$$\varrho = \frac{R}{R_0} = \sqrt[3]{\frac{G}{G_0}}$$

sowie Integration der Gl. (3.169) ergibt den Zusammenhang zwischen Zeit und Blasen-

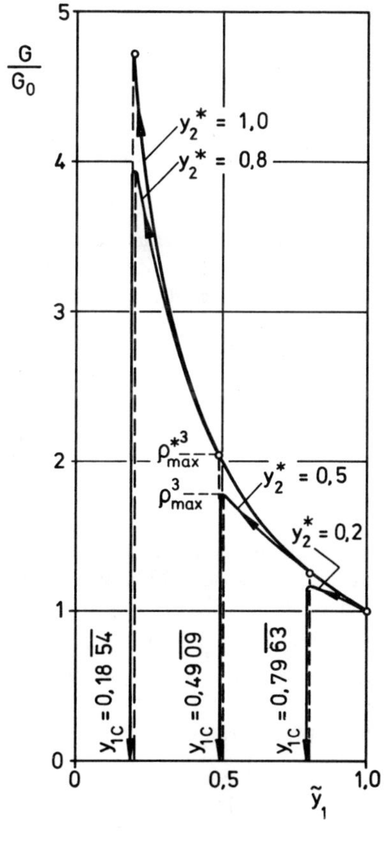

Abb. 3.22 Relative Blasengröße in Abhängigkeit von der Blasenzusammensetzung

radius bei gesättigter Lösung, d.h. $y_1^* + y_2^* = 1$:

$$\frac{t}{t_R} = 1 - \varrho + \varrho_\infty \left\{ \frac{1}{6} \ln \left[\frac{(\varrho_\infty - 1)^2}{(\varrho_\infty - \varrho)^2} \frac{\varrho_\infty^2 + \varrho_\infty \cdot \varrho + \varrho^2}{\varrho_\infty^2 + \varrho_\infty + 1} \right] + \frac{1}{\sqrt{3}} \left[\arctan \frac{2\varrho + \varrho_\infty}{\sqrt{3}\varrho_\infty} - \arctan \frac{2 + \varrho_\infty}{\sqrt{3}\varrho_\infty} \right] \right\} \tag{3.170}$$

worin

$$\varrho_\infty^3 = \frac{1 + (C_0 - 1)\,\tilde{y}_{1,0}}{1 - (C_0 - 1)\,\tilde{y}_1^*} \tag{3.171}$$

ist.

Ist die Lösung ungesättigt, d.h. ist $\tilde{y}_1^* + \tilde{y}_2^* < 1$, so ist die Bestimmung des Zeitgesetzes $t = t(R)$ nur auf numerischem Wege möglich. Indessen läßt sich für große Werte von C_0 eine recht brauchbare geschlossene Näherungslösung angeben. Man berechne die Zeit t_c, bis zu der $\tilde{y}_{1,0}$ auf $\tilde{y}_{1c}$ gefallen ist, nach Gl. (3.170) mit ϱ_{max}^* nach Gl. (3.165). Während dieser Zeit wächst die Blase. Die Zeit bis zum Verschwinden der Blase wird dann unter der Bedingung $\tilde{y}_1 = \tilde{y}_{1c} =$ const. ermittelt. Das entsprechende Zeitgesetz hierfür folgt unmittelbar aus Gl. (3.168) zu

$$\frac{t}{t_R} - \frac{t_c}{t_R} = B\,(\varrho_{max}^* - \varrho), \tag{3.172}$$

worin

$$B = \frac{1 + (C_0 - 1)\,\tilde{y}_1^*}{(1 - C_0)\,\tilde{y}_{1c} + C_0(1 - \tilde{y}_2^*) - \tilde{y}_1^*} \tag{3.173}$$

ist. Für $\tilde{y}_1^* = 0$ ist $\tilde{y}_{1c} = [C_0(1 - \tilde{y}_2^*) - 1]/C_0 - 1)$ und $B = 1$.

In dem hier behandelten Zahlenbeispiel ($CO_2 - N_2 - H_2O$) ist $C_0 = 56$. Für $\tilde{y}_2^* = 0{,}50$, $\tilde{y}_1^* = 0$ und $\tilde{y}_{1,0} = 1{,}0$ ergibt sich $\varrho_\infty = \sqrt[3]{C_0} = 3{,}825$; $\tilde{y}_{1c} = 27/55 = 0{,}4909$; $\tilde{y}_{1,\text{extr}} = 28/55$; $\varrho_{max}^* = 1{,}26$; $\varrho_{max} = 1{,}21$; $t_c/t_R = 0{,}006976$ und $t_A/t_R - t_c/t_R = \varrho_{max}^* - 0 = 1{,}26$. Entsprechende Zahlenwerte lassen sich für andere Werte von $\tilde{y}_2^*$ berechnen, s. Abb. 3.23. Die Zeitkonstante t_R für das System $CO_2 - N_2 - H_2O$ hat mit $\beta_{l,N_2} = 10^{-4}$ m/s, $R_0 = 1$ mm, $K'_{N_2} = 0{,}0121 \cdot 10^{-3}$ den Wert von 665 Sekunden.

Sie setzt den zeitlichen Maßstab für das Verschwinden der Blase. Den zeitlichen Maßstab für das Anwachsen der Blase erhält man aus dem Anstieg der Kurve $\varrho = \varrho(\tau)$ zur Zeit $\tau = 0$. Es ist

$$-\frac{d\varrho}{d(t/t_R)_{t=0}} = 1 - \varrho_\infty^3.$$

Für $\tilde{y}_{1,0} = 1$ und $\tilde{y}_1^* = 0$ ist $\varrho_\infty^3 = C_0$.

Die Zeitkonstante des Blasenwachstums ist demnach um den Faktor $(C_0 - 1)$ mal kleiner als die der Blasenauflösung; in unserem Beispiel ist $C_0 - 1 = 55$. Wir lernen aus diesem Beispiel folgendes:

Zunächst wächst die Blase mit der kleinen Zeitkonstanten der gut löslichen Komponente (CO_2), um dann mit der großen Zeitkonstanten der schlecht löslichen Komponente (N_2) wieder abzunehmen. Dabei kehrt der Diffusionsstrom der gut löslichen Komponente (CO_2) bei Erreichen des maximalen Blasendurchmessers seine Richtung um.

Ist das Lösungsmittel gesättigt, so erreicht die Blase einen endlichen Enddurchmesser, der von dem Verhältnis $K'_2\beta_{l,2}/K'_1\beta_{l,1}$ abhängt.

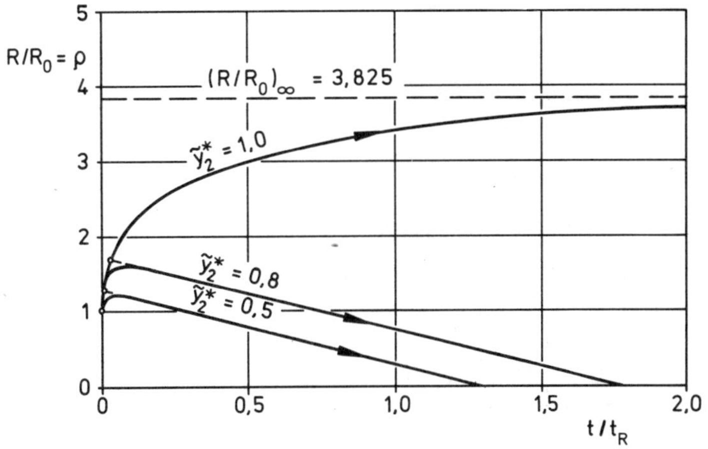

Abb. 3.23 Zeitlicher Verlauf des relativen Blasenradius R/R_0 für $C_0 = 56$; $\tilde{y}_{1,0} = 1{,}0$; $\tilde{y}_1^* = 0$ und $\tilde{y}_2^*$ als Parameter

Dieser Endzustand ist ein Gleichgewichtszustand. Besteht die Blase am Anfang aus reinem Stickstoff und ist das Wasser stets mit Kohlendioxid gesättigt, so besteht am Ende die ca. viermal größere Blase aus reinem Kohlendioxid im Gleichgewicht mit dem gesättigten Wasser.

3.5.2 Absorption in endlichen Lösungsmittelmengen

Haben wir im vorigen Abschnitt die Absorption von Einzelblasen in einer sehr großen Lösungsmittelmenge betrachtet, bei der sich die Konzentration während des Absorptionsvorganges praktisch nicht ändert, so wollen wir uns jetzt dem praktisch bedeutsamen Fall zuwenden, bei dem die Lösungsmittelmenge nicht mehr so groß ist, daß ihre Konzentrationsänderung vernachlässigt werden dürfte. Die klassische Laborapparatur zur Beobachtung eines solchen Absorptionsvorganges ist der begaste Rührkessel. Im einfachsten Fall wird ein Gaspolster auf den flüssigen Rührkesselinhalt gedrückt und sodann die Volumenänderung der eingeschlossenen Gasmasse mit der Zeit beobachtet, s. Abb. 3.24.

Zunächst läßt sich der Endzustand der eingeschlossenen Gas- und Flüssigkeitsmengen aus den Mengenbilanzen und den Gleichgewichtsbeziehungen berechnen. Dieser Endzustand muß unabhängig vom Wege, d.h. unabhängig von den Gesetzen der Stoffübertragung sein. Vernachlässigen wir die Mengenänderungen im Rührgefäß als Folge der (sehr kleinen) Mengenänderungen im Ausdehnungsgefäß, so gelten z.B. für eine binäre Gasmischung folgende Mengenbilanzen:

$$L\tilde{X}_1 + G\tilde{y}_1 = L\tilde{X}_{1,0} + G_0\tilde{y}_{1,0} = N_1 \qquad (3.174)$$

$$L\tilde{X}_2 + G\tilde{y}_2 = L\tilde{X}_{2,0} + G_0\tilde{y}_{2,0} = N_2, \qquad (3.175)$$

worin der Index 0 den Anfangszustand zur Zeit $t = 0$ kennzeichnet. Voraussetzungsgemäß ist die Lösungsmittelmenge L konstant, die Gasmenge G im allgemeinen nicht. Außerdem gilt stets $\tilde{y}_1 + \tilde{y}_2 = 1$. Im Endzustand soll Gleichgewicht herrschen, d.h. es ist

$$\tilde{y}_{1,\infty} = \tilde{y}_1^*(\tilde{X}_{1,\infty}) \quad \text{und} \quad \tilde{y}_{2,\infty} = \tilde{y}_2^*(\tilde{X}_{2,\infty}), \qquad (3.176)$$

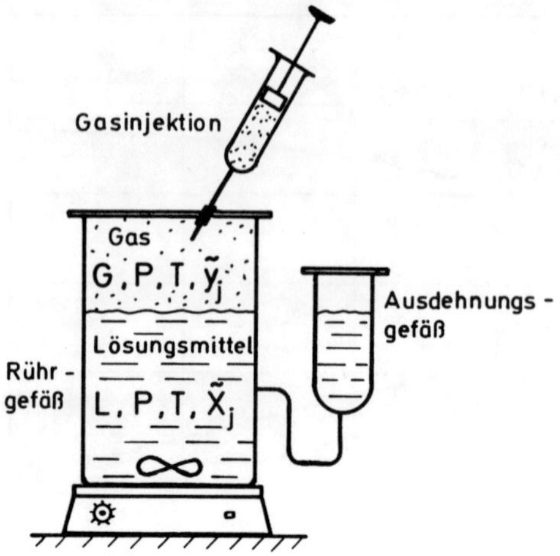

Abb. 3.24 Laborapparatur zur Messung der Absorptionsgeschwindigkeit

falls $G = G_\infty > 0$ ist, was vorausgesetzt werden soll (d.h. die anfängliche Gasmenge ist ausreichend, um die Flüssigkeit zu sättigen).

Der Gleichgewichtszustand sei wiederum gegeben durch

$$\tilde{X}_1 = K_1' \tilde{y}_1^* \quad \text{und} \quad \tilde{X}_2 = K_2' \tilde{y}_2^*. \tag{3.177}$$

Aus der Mengenbilanz und der Gleichgewichtsbedingung folgt für den Endzustand

$$(LK_1' + G_\infty)\, \tilde{y}_{1,\infty} = N_1 \tag{3.178}$$

$$(LK_2' + G_\infty)\, \tilde{y}_{2,\infty} = N_2 \tag{3.179}$$

oder

$$\frac{N_1}{LK_1' + G_\infty} + \frac{N_2}{LK_2' + G_\infty} = 1 \tag{3.180}$$

und aufgelöst nach G_∞:

$$G_\infty = -\frac{1}{2}[L(K_1' + K_2') - (N_1 + N_2)] \left\{ 1 \mp \sqrt{1 + 4\frac{L(N_1 K_2' + N_2 K_1' - LK_1' K_2')}{[L(K_1' + K_2') - (N_1 + N_2)]^2}} \right\}. \tag{3.181}$$

Für den Sonderfall, daß man ein reines Gas 1 (z.B. Luft) mit einer an Gas 2 (z.B. CO_2) gesättigten Flüssigkeit in Kontakt bringt, gilt $N_1 = G_0$ und $N_2 = LX_{2,0} = LK_2' y_{2,0}^* = LK_2'$, so daß sich Gl. (3.181) vereinfacht zu:

$$\frac{G_\infty}{G_0} = -\frac{1}{2}\left(K_1' \frac{L}{G_0} - 1\right)\left[1 \mp \sqrt{1 + 4\frac{K_2' L/G_0}{(K_1' L/G_0 - 1)^2}}\right]. \tag{3.182}$$

Interessant ist der Grenzfall großen Lösungsmittelüberschusses, der bereits im vorigen Abschnitt behandelt wurde. Lassen wir in Gl. (3.182) $L_\infty \to \infty$ gehen, so folgt:

$$\lim_{L \to \infty} \frac{G_\infty}{G_0} = \frac{K_2'}{K_1'}. \tag{3.183}$$

Das Verhältnis von End- zu Anfangsvolumen der Gasmenge ist gleich dem Verhältnis der Gleichgewichtskonstanten und – erwartungsgemäß – unabhängig von den Gesetzen der Stoffübertragung. Dies steht zunächst im Widerspruch zu Gl. (3.166), wonach für denselben Fall der Zusammenhang

$$\frac{G_\infty}{G_0} = \frac{K_2'}{K_2'} \cdot \frac{\beta_{l,2}}{\beta_{l,1}}$$

gefunden wurde, der besagt, daß bei unendlichem Lösungsmittelüberschuß das Endvolumen sehr wohl auch kinetisch bestimmt ist! Dieser Widerspruch ist nur scheinbar, wie sich zeigen läßt, wenn man den gesamten zeitlichen Ablauf des Absorptionsvorganges verfolgt. Hierzu benötigen wir noch die kinetischen Ansätze

$$\dot{N}_1 = A_{\mathrm{Ph}} n_l \beta_{l,1} K_1' (\tilde{y}_1 - \tilde{y}_1^*) \tag{3.184}$$

$$\dot{N}_2 = A_{\mathrm{Ph}} n_l \beta_{l,2} K_2' (\tilde{y}_2 - \tilde{y}_2^*), \tag{3.185}$$

aus denen zusammen mit den Mengenbilanzen nach den Gln. (3.174) und (3.175) für den relativen Stoffstrom $\dot{r}_1 = \dot{N}_1/(\dot{N}_1 + \dot{N}_2)$ folgt:

$$\dot{r}_1 = \frac{\tilde{y}_1\left(1 + \dfrac{G}{LK_1'}\right) - \dfrac{N_1}{LK_1'}}{\tilde{y}_1\left(1 + \dfrac{G}{LK_1'}\right) - \dfrac{N_1}{LK_1'} + \dfrac{K_2'}{K_1'}\dfrac{\beta_{l,2}}{\beta_{l,1}}\left[(1 - \tilde{y}_1)\left(1 + \dfrac{G}{LK_2'}\right) - \dfrac{N_2}{LK_2'}\right]}. \tag{3.186}$$

Für den Sonderfall $N_1 = G_0$ (z.B. Gasphase am Anfang reiner Stickstoff) und $N_2 = LK_2'$ (z.B. Flüssigphase mit reinem CO_2 am Anfang gesättigt) sowie den Abkürzungen

$$G_0/LK_1' = a \quad \text{und} \quad G_0/LK_2' = b \quad \text{sowie} \quad G/G_0 = \Gamma \quad \text{und} \quad K_2'\beta_{l,2}/K_1'\beta_{l,1} = C_0$$

folgt aus Gl. (3.186)

$$\dot{r}_1 = \frac{\tilde{y}_1(1 + a\Gamma) - a}{\tilde{y}_1(1 + a\Gamma) - a + C_0[(1 - \tilde{y}_1)(1 + b\Gamma) - 1]}. \tag{3.187}$$

Die Mengenbilanz für den Gasraum liefert

$$\frac{d\Gamma}{d\tilde{y}_1} = \frac{\Gamma}{\dot{r}_1 - \tilde{y}_1}, \tag{3.188}$$

(s. auch Gl. (3.156)). Aus diesen beiden Gleichungen läßt sich schrittweise (z.B. nach Runge-Kutta) das relative Gasvolumen Γ als Funktion der Gaszusammensetzung $\tilde{y}_1$ berechnen.

Zur Berechnung des zeitlichen Ablaufes $\Gamma = \Gamma(t/t_R)$ können wir auf die aus Bilanz und Kinetik folgende Gl. (3.168) zurückgreifen, die mit den obigen Abkürzungen lautet:

$$-\frac{d\Gamma}{d\tau} = (1 - C_0)\,\tilde{y}_1 + C_0(1 - \tilde{y}_2^*) - \tilde{y}_1^*, \tag{3.189}$$

worin

$$\tau = \left(\frac{1}{G_0} n_l \beta_{l,1} K_1' A_{\mathrm{Ph}}\right) \cdot t \tag{3.190}$$

ist.

Wir wollen dieses Gleichungssystem auswerten für den Fall, daß wir zur Zeit $t = 0$ eine Menge von $G_0 = 10\ \mathrm{Ncm^3}$ Neon (Gas 1) in Kontakt bringen mit $L = 3\ l$ Wasser, das mit

Helium (Gas 2) gesättigt ist. Für das System Ne – He – H_2O findet man folgende Stoffdaten (D'Ans., E. Lax [12]):

Löslichkeiten:

$$2:\ \lambda_{He-H_2O} = 0{,}0087\ \mathrm{cm_N^3/g,\ bar\ bei\ 10\,°C}$$
$$1:\ \lambda_{Ne-H_2O} = 0{,}0111\ \mathrm{cm_N^3/g,\ bar\ bei\ 10\,°C.}$$

Diffusionskoeffizienten:

$$2:\ \delta_{He-H_2O} = 5{,}8 \cdot 10^{-5}\ \mathrm{cm^2/s\ bei\ 22\,°C}$$
$$1:\ \delta_{Ne-H_2O} = 2{,}8 \cdot 10^{-5}\ \mathrm{cm^2/s\ bei\ 22\,°C.}$$

Setzen wir das Verhältnis der Stoffübergangskoeffizienten $\beta_{l,2}/\beta_{l,1} = (\delta_{l,2}/\delta_{l,1})^{2/3}$, wie dies bei hohen Schmidt-Zahlen etwa zutrifft, so ergeben sich folgende Zahlenwerte:

$$\frac{K_2'}{K_1'} = 0{,}7855$$

$$\frac{K_2'}{K_1'} \cdot \frac{\beta_{l,2}}{\beta_{l,1}^0} = C_0 = 1{,}2771.$$

Mit den Anfangsbedingungen $\tilde{y}_{1,0} = 1$ und $\tilde{y}_1^* = 0$ sowie $\tilde{y}_{2,0}^* = 1$ folgt aus Gl. (3.182) $\Gamma_\infty = 0{,}826$. Ferner sind mit den obigen Mengenangaben $a = G_0/LK_1' = 0{,}2835$ und

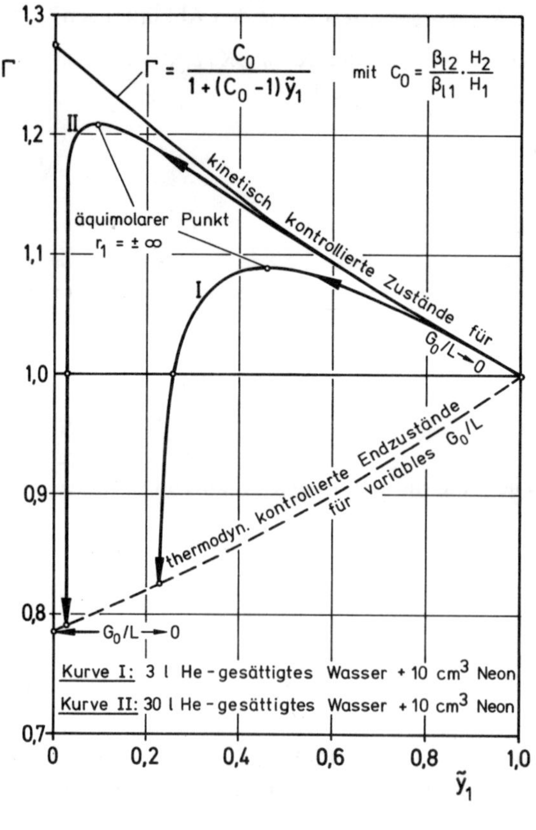

Abb. 3.25 Zusammenhang zwischen relativem Gasvolumen Γ und dem Neon-Molenbruch $\tilde{y}_1$ in der Gasphase

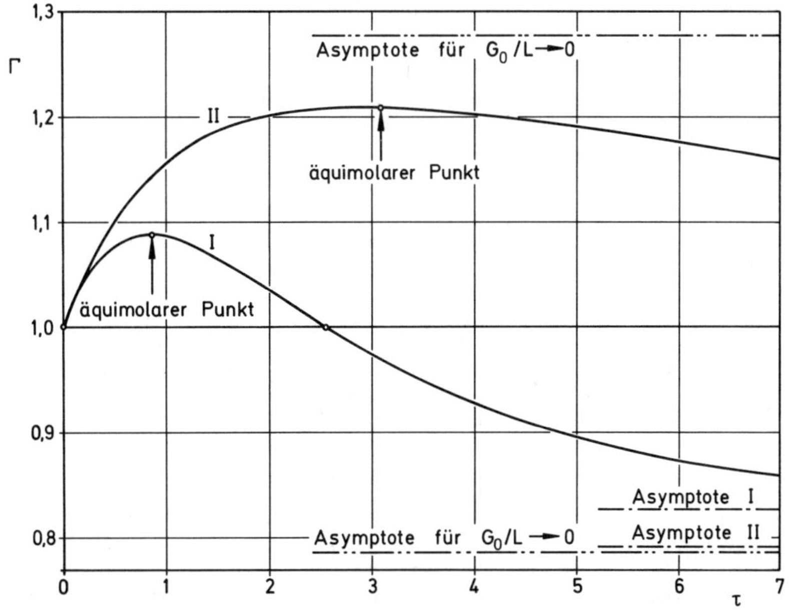

Abb. 3.26 Zeitlicher Verlauf des relativen Gasvolumens Γ

$b = G_0/LK_2' = 0{,}3609$. Tab. 3.2 enthält nun die Angabe aller numerisch berechneter Größen, mit deren Hilfe sich die Funktionen $\Gamma(\tilde{y})$ und $\Gamma(\tau)$ sowie auch $\dot{r}_1(\tilde{y}_1)$ aufzeichnen lassen. Abb. 3.25 zeigt $\Gamma(\tilde{y}_1)$ für den oben beschriebenen Fall (Kurve I). Zusätzlich ist $\Gamma(\tilde{y}_1)$ für eine auf 30 l vergrößerte Wassermenge eingetragen (Kurve II).

Man erkennt folgendes: Zunächst nimmt das Gasvolumen zu, da das Helium schneller aus dem Wasser herausdiffundiert als das Neon hinein, vgl. die β_l-Werte! Die Anfangssteigung $(\mathrm{d}\Gamma/\mathrm{d}\tilde{y}_1)\ \tilde{y}_1 = 1$ ist kinetisch mitkontrolliert; maßgeblich ist der Parameter C_0. Mit zunehmendem Gasvolumen steigt nun der Helium-Partialdruck in der Gasphase, was den Helium-Strom aus dem Wasser heraus so weit abschwächt, bis er bei $\tilde{y}_1 = 0{,}46$ (Kurve I) dem Betrage nach gleich dem Neon-Strom wird (äquimolarer Punkt), um dann unterhalb $\tilde{y} = 0{,}272$ (Kurve I) seine Richtung umzukehren.

Gegen Ende nimmt dann das Gasvolumen den allein durch das Gleichgewicht und die Einsatzmengen von Gas und Flüssigkeit bestimmten Endwert an. Dieser liegt unterhalb des Anfangswertes, da das Neon besser löslich ist als das Helium.

Vergrößert man die Wassermenge z. B. auf 30 l Wasser (Kurve II), so erkennt man, daß sich der äquimolare Punkt zu niedrigeren Neon-Gehalten $\tilde{y}_1$ hin verschiebt. Im Grenzfall $L/G_0 \to \infty$ liegt der äquimolare Punkt beliebig nahe bei $\tilde{y}_1 = 0$.

In der Abb. 3.26 ist nun der zeitliche Verlauf des Gasvolumens $\Gamma(\tau)$ aufgetragen. Es zeigt sich grundsätzlich der gleiche Verlauf. Zunächst wächst das Gasvolumen, um dann wieder abzunehmen. Indessen fällt auf, daß das Anwachsen relativ schnell, das Wiederabnehmen jedoch wesentlich langsamer verläuft. Geht man zum Grenzfall großen Wasserüberschusses ($G_0/L \to 0$), so kann während endlicher Zeiten das allein thermodynamisch kontrollierte Endvolumen überhaupt nicht mehr beobachtet werden. Dies erklärt den oben beschriebenen scheinbaren Widerspruch zwischen Gl. (3.183) und Gl. (3.166).

Tab. 3.2 Absorption von Neon (1) in mit Helium (2) gesättigtem Wasser

$H_2/H_1 = 0{,}7855$ und $C_0 = 1{,}2771$
$a = G_0/LH_1 = 0{,}2835$ und $b = 0{,}3609$
$\tilde{y}^*_{1,0} = 0$ und $y^*_{2,0} = 1$; $\Gamma_\infty = 0{,}826238$; $\tilde{y}_{1,\infty} = 0{,}229696$:
d.h. 10 cm^3 Ne auf 3 l He-gesättigtes Wasser

$\tilde{y}_1$	Γ	$\dot{r}_1$	$\tilde{y}^*_1$	$\tilde{y}^*_1 + \tilde{y}^*_2$	$\frac{d\Gamma}{d\tau}$	τ	$-h$	
1,0000	1,0000	− 3,6088	0,0000	1,0000		0,0000	0,0100	
0,9000	1,0215	− 3,8957	0,0229	0,9860	+ 0,2252	0,0870	0,0100	
0,8000	1,0424	− 4,3601	0,0471	0,9719	+ 0,1727	0,1935	0,0100	
0,7000	1,0616	− 5,2255	0,0728	0,9579	+ 0,1200	0,3280	0,0100	
0,6000	1,0775	− 7,3688	0,1002	0,9447	+ 0,0678	0,5055	0,0100	
0,5000	1,0872	− 21,3329	0,1294	0,9332	+ 0,0174	0,7621	0,0100	
0,4000	1,0843	+ 8,4101	0,1605	0,9257	− 0,0285	1,0885	0,0100	
0,3000	1,0484	+ 1,7386	0,1943	0,9295	− 0,0608	1,7981	0,0010	
0,2900	1,0404	+ 1,4813	0,1980	0,9314	− 0,0621	1,9276	0,0010	
0,2800	1,0307	+ 1,2475	0,2017	0,9338	− 0,0628	2,0818	0,0010	
0,2700	1,0188	+ 1,0325	0,2055	0,9371	− 0,0625	2,2719	0,0010	
0,2600	1,0035	+ 0,8315	0,2095	0,9415	− 0,0607	2,5202	0,0010	
0,2500	0,9826	+ 0,6394	0,2139	0,9479	− 0,0565	2,8780	0,0010	
0,2400	0,9492	+ 0,4478	0,2189	0,9586	− 0,0471	3,5270	0,0001	
0,2390	0,9445	+ 0,4281	0,2195	0,9601	− 0,0455	3,6302	0,0001	
0,2380	0,9392	+ 0,4082	0,2201	0,9618	− 0,0438	3,7480	0,0001	
0,2370	0,9334	+ 0,3880	0,2208	0,9638	− 0,0418	3,8847	0,0001	
0,2360	0,9268	+ 0,3676	0,2215	0,9660	− 0,0395	4,0474	0,0001	
0,2350	0,9192	+ 0,3469	0,2223	0,9685	− 0,0367	4,2470	0,0001	
0,2340	0,9102	+ 0,3259	0,2231	0,9715	− 0,0334	4,5058	0,0001	
0,2330	0,8991	+ 0,3048	0,2241	0,9752	− 0,0292	4,8638	0,0001	
0,2320	0,8846	+ 0,2842	0,2253	0,9801	− 0,0235	5,4237	0,0001	
0,2310	0,8641	+ 0,2663	0,2269	0,9871	− 0,0154	6,5146	0,0001	
0,2300	0,8358	+ 0,2568	0,2290	0,9967	− 0,0039	10,2117	0,0001	
1,0000	1,0000	− 3,6088	0,0000	1,0000		0,0000	0,01000	
0,9000	1,0221	− 3,6353	0,0023	0,9986	+ 0,2469	0,0850	0,01000	10fache
0,8000	1,0451	− 3,6704	0,0046	0,9971	+ 0,2161	0,1849	0,01000	Wasser-
0,7000	1,0689	− 3,7185	0,0071	0,9956	+ 0,1863	0,3041	0,01000	menge
0,6000	1,0934	− 3,7872	0,0098	0,9940	+ 0,1559	0,4494	0,01000	
0,5000	1,1186	− 3,8918	0,0125	0,9923	+ 0,1253	0,6316	0,01000	$a = 0{,}02835$
0,4000	1,1442	− 4,0671	0,0154	0,9906	+ 0,0946	0,8693	0,01000	$b = 0{,}03609$
0,3000	1,1696	− 4,4139	0,0184	0,9889	+ 0,0638	1,1995	0,01000	
0,2000	1,1930	− 5,4038	0,0216	0,9871	+ 0,0330	1,7143	0,01000	$\Gamma_\infty = 0{,}7902$
0,1500	1,2026	− 7,1672	0,0232	0,9863	+ 0,0177	2,1250	0,01000	
0,1000	1,2083	− 29,8698	0,0249	0,9857	+ 0,0250	2,8974	0,0010	$\tilde{y}_{1,\infty} =$
0,0900	1,2084	+ 135,070	0,0253	0,9856	− 0,0005	3,0906	0,0010	0,02773
0,0800	1,2080	+ 15,7819	0,0256	0,9855	− 0,0034	3,2774	0,0010	
0,0700	1,2068	+ 6,9075	0,0260	0,9855	− 0,0064	3,5182	0,0010	
0,0600	1,2043	+ 3,6434	0,0263	0,9845	− 0,0092	3,8287	0,0010	
0,0500	1,1996	+ 1,9422	0,0266	0,9855	− 0,0120	4,2585	0,0010	
0,0400	1,1902	+ 0,8970	0,0270	0,985	− 0,0146	4,9525	0,0010	
0,0300	1,1585	+ 1,1635	0,0274	0,9868	− 0,0161	6,9539	0,0010	

3.6 Stoffübertragung mit homogener chemischer Reaktion

Ein typischer Vorgang kombinierter Stoffübertragung mit chemischer Reaktion in homogener Phase ist die Chemische Wäsche. Als Beispiel soll im folgenden die Absorption von CO_2 in Natronlauge analysiert werden. Aus dem Ergebnis dieser Studie sollen dann soweit wie möglich allgemein gültige Schlüsse für die Behandlung von Stoffübertragungsvorgängen mit homogener chemischer Reaktion gezogen werden. Dabei soll dem Mechanismus der chemischen Reaktion nur insoweit Aufmerksamkeit geschenkt werden, als dies zum Verständnis der Stoffübertragungsvorgänge erforderlich ist. Dies ist notwendig, um den Rahmen dieses Buches nicht zu sprengen. Gleichwohl soll nicht verschwiegen werden, daß bei der chemischen Wäsche keineswegs nur die Vorgänge der Stoffübertragung von Bedeutung sind. Im Gegenteil, die Reaktionsmechanismen, die (protolytischen) Gleichgewichte und die Temperaturführung bei der Wäsche sind oft weit wichtigere Gesichtspunkte. Näheres hierüber ist Gegenstand von Lehrbüchern über **Reaktionskinetik** (s. Literatur).

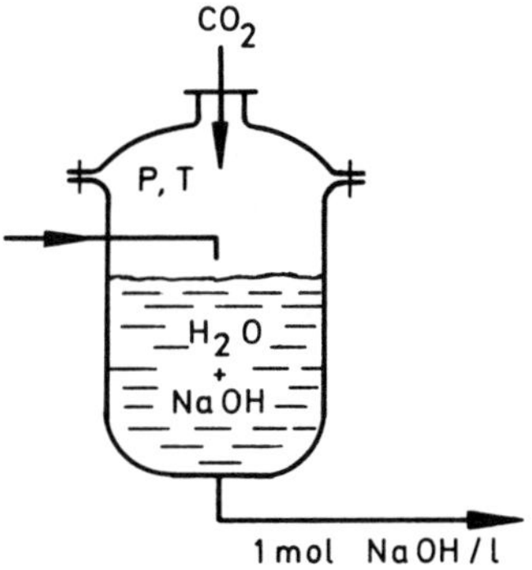

Abb. 3.27 Absorption von CO_2 in wäßriger NaOH

Abb. 3.27 zeigt als Wäscher, wie er für Laborversuche Verwendung finden könnte, einen Rührkessel. Reines CO_2 wird in Kontakt gebracht mit wäßriger Natronlauge, die 1 mol pro Liter NaOH enthalten möge.

Es stellt sich die Frage, wie groß ist die Geschwindigkeit; mit der das CO_2 in der Lauge absorbiert wird: $\dot{n}_{CO_2} = ?$ Zur Beantwortung dieser Frage müssen einige Angaben sowohl über den Mechanismus der chemischen Reaktion in der flüssigen Phase, über mögliche Gleichgewichtszustände und die Geschwindigkeit der Diffusionsvorgänge in der flüssigen Phase gemacht werden.

3.6.1 Mechanismus der chemischen Reaktion in der flüssigen Phase

Es sind zwei parallel ablaufende Reaktionen von Bedeutung.

Reaktion I

$$\text{Schritt 1:} \quad CO_2 + OH^- \rightarrow HCO_3^-, \qquad k_{RI1} = 6 \cdot 10^3 \, \frac{l}{\text{mol s}} \tag{3.191}$$

$$\text{Schritt 2:} \quad HCO_3^- + OH^- \rightarrow CO_3^{2-} + H_2O, \qquad k_{RI2} > 10^{10} \, \frac{l}{\text{mol s}}. \tag{3.192}$$

k_R sind die Geschwindigkeitskoeffizienten der **chemischen** Umsetzung. Man erkennt, daß der **erste** Reaktionsschritt die Geschwindigkeit des chemischen Umsatzes kontrolliert.

Reaktion II

$$\text{Schritt 1:}\quad CO_2 + 2H_2O \rightarrow HCO_3^- + H_3O^+, \qquad k_{RII1} = 2 \cdot 10^{-2}\,\frac{1}{s} \tag{3.193}$$

$$\text{Schritt 2:}\quad H_3O^+ + OH^- \rightarrow H_2O, \qquad k_{RII2} > 10^{10}\,\frac{1}{\text{mol s}}. \tag{3.194}$$

Das Gleichgewicht dieser Reaktionen liegt praktisch vollständig auf der Produktseite. Die Reaktionen sind zweiter Ordnung. Wir wollen jedoch davon ausgehen, daß hinreichend große Laugenmengen durch den Rührkessel durchgesetzt werden, so daß die Laugenkonzentration beim Durchlauf durch den Kessel praktisch nicht verändert wird. Sodann lassen sich die Geschwindigkeitskoeffizienten der Reaktionen mit der OH^--Ionenkonzentration zusammenfassen, so daß die kinetischen Ansätze für die Geschwindigkeit der chemischen Reaktionen zweiter Ordnung in solche pseudo-erster Ordnung übergehen. Sind c_j die molaren Konzentrationen in mol/l, so lautet der kinetische Ansatz für die Geschwindigkeit $\dot{R}$ eines Formelumsatzes der Reaktion I1:

$$\dot{R} = k_{RI1}\, c_{OH^-} \cdot c_{CO_2} \tag{3.195}$$

oder mit

$$k_{RI1}\, c_{OH^-} = k_{RI} \tag{3.196}$$

$$\dot{R} = k_{RI}\, c_{CO_2}. \tag{3.197}$$

Mit $c_{OH^-} = 1$ mol/l wird $k_{RI} = 6 \cdot 10^3$ 1/s. Man sieht, daß jeweils die zweiten Reaktionsschritte wesentlich schneller als die ersten sind und daß, da $k_{RI} \gg k_{RII1}$ ist, die Reaktion I wesentlich schneller als die parallele Reaktion II abläuft, so daß wir uns in der nachfolgenden Analyse auf die Verwendung des reaktionskinetischen Ansatzes nach Gl. (3.195) bzw. (3.197) beschränken können.

3.6.2 Anwendung des Filmmodells

Wir wollen annehmen, daß der Stoffübertragungswiderstand in der flüssigen Phase auf eine viskose Unterschicht von der Dicke S nahe der Phasengrenze konzentriert ist, wie dies Abb. 3.28 zeigt. In der Gasphase existiert kein Stoffübertragungswiderstand, da diese aus reinem CO_2 besteht.

In der viskosen Unterschicht können die verschiedenen Spezies nur durch (molekulare) Diffusion transportiert werden. Die Stoffstromdichten $\dot{n}_j = \dot{N}_j / A_{Ph}$ sind im Bereich $0 < s < S$ gegeben durch

$$\dot{n}_j = -\, n_l \delta_l \frac{\partial \tilde{x}_j}{\partial s} + \dot{n}\tilde{x}_j, \tag{3.198}$$

worin $\dot{n} = \sum \dot{n}_j$ ist. Wir wollen annehmen, daß der Gesamtstrom $\dot{n}$ hinreichend klein ist und somit vernachlässigt werden kann. Außerdem ist

$$n_l \tilde{x}_j = c_j, \tag{3.199}$$

so daß sich Gl. (3.198) vereinfacht zu

$$\dot{n}_j = -\, \delta_l \frac{\partial c_j}{\partial s}. \tag{3.200}$$

Den Verlauf der CO_2-Konzentration c_1 in der viskosen Unterschicht bei konstanter OH^--Konzentration c_2 zeigt qualitativ Abb. 3.28.

Im nächsten Schritt berechnen wir den Verlauf der Konzentration $c_1(s)$ in der viskosen Unterschicht, um daraus dann mit Hilfe von Gl. (3.200) die Stoffstromdichte $\dot{n}_1$ ermitteln zu können.

Die Mengenbilanz am Volumenelement von der Dicke ds lautet

$$\dot{n}_{1,s} = \dot{n}_{1,s+ds} + \dot{R}\,ds \tag{3.201}$$

oder

$$\frac{d\dot{n}_1}{ds} + \dot{R} = 0. \tag{3.202}$$

Hieraus folgt mit den kinetischen Ansätzen für die Diffusion nach Gl. (3.200) und die Reaktion nach Gl. (3.197)

$$\delta_l \frac{d^2 c_1}{ds^2} - k_{RI} c_1 = 0 \tag{3.203}$$

die Grundgleichung zur Berechnung des Konzentrationsverlaufes in der Unterschicht $c_1(s)$. Indessen müssen auch noch die Randbedingungen formuliert werden. An der Phasengrenze herrsche die Konzentration $c_{1,Ph}$. Solange die Absorptionsgeschwindigkeit nicht extrem hoch ist, können wir davon ausgehen, daß an der Phasengrenze das thermodynamische Gleichgewicht eingestellt sei. Dann gilt

$$c_{1,Ph} = c_1^* = H p_1, \tag{3.204}$$

worin p_1 der CO_2-Druck im Gasraum und H die Henrysche Absorptionskonstante in mol/l bar ist. Sie gibt an, wieviel CO_2 sich je bar Gasdruck in **reinem** Wasser löst.

Am Ende der Unterschicht ($s = S$) verläßt die Unterschicht der Stoffstrom $\dot{N}_1(S)$. Diese in das Kernvolumen der Flüssigkeit eindringende CO_2-Menge reagiert im Innern dieses Volumens ab. Demnach lautet die zweite Randbedingung

$$\dot{N}_1(S) = \dot{R}\,V_k \tag{3.205}$$

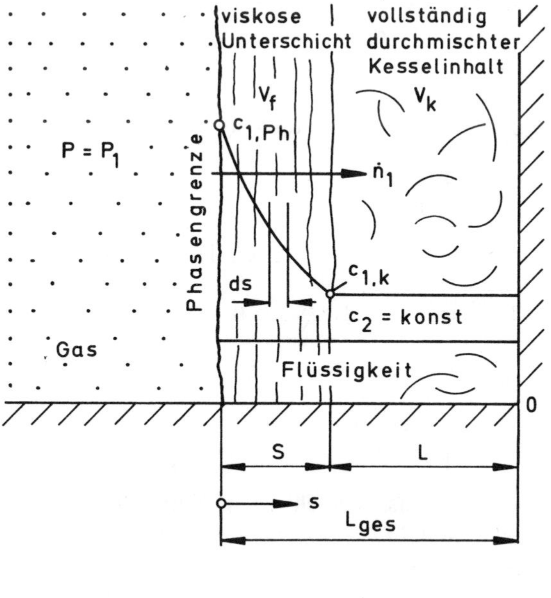

Abb. 3.28 Verlauf der CO_2-Konzentration c_1 in der viskosen Unterschicht

oder mit den Gln. (3.200) und (3.203)

$$-A_{Ph}\delta_l\left(\frac{dc_1}{ds}\right)_S = k_{RI}c_{1,k}V_k. \tag{3.206}$$

Führen wir eine dimensionslose Koordinate $s/S = \zeta$ ein, so geht Gl. (3.203) über in

$$\frac{d^2c_1}{d\zeta^2} - Ha^2 \cdot c_1 = 0, \tag{3.207}$$

worin

$$Ha = \sqrt{\frac{k_{RI}}{\delta_l}S^2} \tag{3.208}$$

eine dimensionslose Unterschichtdicke ist, die auch Hatta-Zahl Ha genannt wird (S. Hatta, 1872–1935). Das Quadrat der Hatta-Zahl ist gleich dem Verhältnis der Relaxationszeiten von Diffusion und Reaktion, denn es ist

$$t_R = \frac{1}{k_{RI}} \tag{3.209}$$

die Relaxationszeit der Reaktion und

$$t_D = \frac{S^2}{\delta_l} \tag{3.210}$$

diejenige der Diffusion. Es ist also

$$Ha^2 = \frac{t_D}{t_R}. \tag{3.211}$$

Sofern t_R viel kleiner als t_D, d.h. sofern die Hatta-Zahl groß ist, hat alles an der Phasengrenze in die Flüssigkeit eingedrungene CO_2 bereits im Innern der Unterschicht mit den OH^--Ionen reagiert, so daß überhaupt kein CO_2 mehr bis in das Kernvolumen vordringen kann, d.h. $\dot{N}_1(S) = 0$.

Führt man den Stoffübertragungskoeffizienten der Flüssigphase

$$\beta_l = \frac{\delta_l}{S} \tag{3.212}$$

ein, so läßt sich die Hatta-Zahl auch schreiben

$$Ha = \frac{\sqrt{\delta_l k_{RI}}}{\beta_l}. \tag{3.213}$$

Die Randbedingung am Ende der Unterschicht lautet mit der Hatta-Zahl

$$\left(\frac{dc_1}{d\zeta}\right)_{\zeta=1} + Ha\,V_k^* c_{1,k} = 0. \tag{3.214}$$

Hierin ist

$$V_k^* = \sqrt{\frac{k_{RI}}{\delta_l}} \cdot \frac{V_k}{A_{Ph}} \tag{3.215}$$

das dimensionslos geschriebene Kernvolumen der Flüssigkeit. Die Lösung der Differentialgleichung (3.203) mit dem Ansatz $c_1(s) = a \sinh Ha \cdot \zeta + b \cosh Ha \cdot \zeta$ führt unter

Beachtung der Randbedingungen nach den Gln. (3.204) und (3.206) zu folgendem Ausdruck für die CO_2-Stoffstromdichte $\dot{n}_1$ an der Phasengrenze:

$$\dot{n}_1 = c_1^* \sqrt{k_{\mathrm{RI}} \delta_l} \, \frac{(1 + V_\mathrm{k}^*) \exp Ha - (1 - V_\mathrm{k}^*) \exp(-Ha)}{(1 + V_\mathrm{k}^*) \exp Ha + (1 - V_\mathrm{k}^*) \exp(-Ha)}. \tag{3.216}$$

Für die CO_2-Konzentration am Ende der Unterschicht, d. h. also auch im Kernvolumen folgt:

$$c_{1,\mathrm{k}} = c_1^* (\cosh Ha + V_\mathrm{k}^* \sinh Ha)^{-1}. \tag{3.217}$$

Die Gl. (3.216) enthält eine Reihe bemerkenswerter Grenzfälle, die nachfolgend interpretiert werden sollen.

Grenzfall I

$Ha \to 0$ und V_k^* endlich.

Hierfür folgt aus Gl. (3.216)

$$\dot{n}_1 = c_1^* \beta_l Ha V_\mathrm{k}^*$$

oder

$$\dot{n}_1 = c_1^* k_{\mathrm{RI}} V_\mathrm{k} / A_{\mathrm{Ph}}. \tag{3.218}$$

Ferner folgt für diesen Fall aus Gl. (3.217)

$$c_{1,\mathrm{k}} = \frac{c_1^*}{1 + Ha(1 + V_\mathrm{k}^*)} \cong c_1^*. \tag{3.219}$$

Grenzfall II

$V_\mathrm{k}^* \to \infty$ und Ha endlich.

Aus Gl. (3.216) folgt

$$\dot{n}_1 = c_1^* \sqrt{k_{\mathrm{RI}} \delta_l} \coth Ha \tag{3.220}$$

und aus Gl. (3.217)

$$c_{1,\mathrm{k}} \to 0. \tag{3.221}$$

Grenzfall III

$Ha \to \infty$ und V_k^* endlich.

Aus Gl. (3.216) erhalten wir

$$\dot{n}_1 = c_1^* \sqrt{k_{\mathrm{RI}} \delta_l} \tag{3.222}$$

und aus Gl. (3.217)

$$c_{1,\mathrm{k}} = 0. \tag{3.223}$$

Die zu diesen drei Grenzfällen gehörenden Konzentrationsprofile sind in Abb. 3.29 dargestellt.

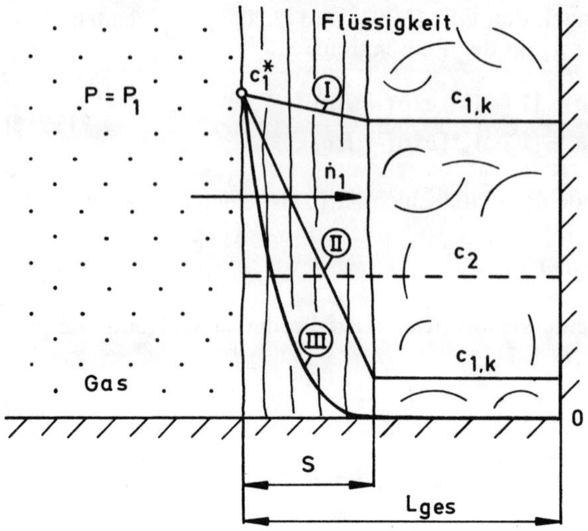

Abb. 3.29 Konzentrationsprofile für die drei Grenzfälle der Absorption eines Stoffes 1 (z. B. CO_2) bei konstanter Konzentration c_2 des Reaktanden (z. B. OH^-)

Den **Grenzfall I** nennt man den der **langsamen Reaktion**. Die gesamte Flüssigkeit ist praktisch mit CO_2 entsprechend $c_1^* = Hp_1$ gesättigt, d. h., sie steht im thermodynamischen Gleichgewicht mit der Gasphase. Entscheidend für die in der Zeiteinheit absorbierte Menge ist in diesem Fall lediglich das vorhandene Flüssigkeitsvolumen V_k, nicht die Größe der Phasengrenzfläche, denn es folgt aus Gl. (3.218)

$$\dot{N}_1 = c_1^* k_{RI} V_k. \tag{3.224}$$

Der geschwindigkeitsbestimmende Mechanismus ist der der chemischen Reaktion.

Den **Grenzfall II** nennt man den der **schnellen Reaktion**. Alles, was an Stoff 1 durch die viskose Unterschicht hindurchdiffundiert, reagiert im Kernvolumen ab, so daß dort $c_{1,k}$ praktisch Null ist. Der Stoffstrom $\dot{n}_1$ wird in diesem Fall durch den Stoffübertragungswiderstand $1/\beta_l$ begrenzt, was man unmittelbar sieht, wenn man bedenkt, daß für nicht zu große Ha-Zahlen $\coth Ha \to 1/Ha$ geht und dann aus Gl. (3.220) folgt

$$\dot{N}_1 = c_1^* \beta_l A_{Ph}. \tag{3.225}$$

Den **Grenzfall III** nennt man den der **sehr schnellen Reaktion**. Die Reaktionsgeschwindigkeit ist so schnell, daß der Stoff 1 auf seinem Wege durch die viskose Unterschicht vollständig abreagiert. Der Stoffstrom ist **unabhängig** von der Dicke S der viskosen Unterschicht und damit unabhängig vom Stoffübertragungswiderstand $1/\beta_l$. Nach Gl. (3.222) ist

$$\dot{N}_1 = c_1^* \sqrt{k_{RI} \delta_l}\, A_{Ph}. \tag{3.226}$$

Es sei angemerkt, daß dieser Grenzfall die Möglichkeit bietet, durch Messung von $\dot{N}_1$ Phasengrenzflächen A_{Ph} in Gas-Flüssigkeitsreaktoren zu bestimmen.

Alle drei Grenzfälle gelten unter der Voraussetzung, unter der auch die Gl. (3.216) abgeleitet worden war, daß der zweite Reaktand, die OH^--Ionen, in so großem Überschuß vorhanden ist, daß seine Konzentration c_2 weder im Kernvolumen noch in der viskosen Unterschicht durch die Reaktion nennenswert verändert wird.

Andererseits kann man die drei genannten Grenzfälle so interpretieren, daß die Reaktionsgeschwindigkeit von I über II nach III zunimmt und im Grenzfall III, $Ha \to \infty$,

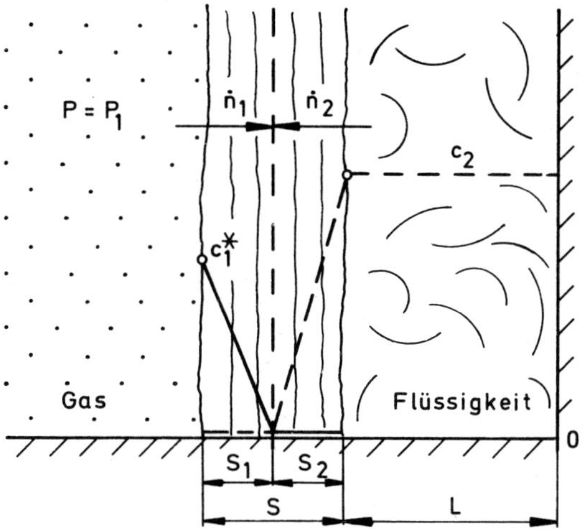

Abb. 3.30 Konzentrationsprofile für den Grenzfall sehr großer Reaktionsgeschwindigkeit – die sog. „Momentanreaktion", Grenzfall IV

sogar gegen Unendlich strebt. In diesem Fall ist jedoch die Voraussetzung, daß – auch in der viskosen Unterschicht – die Konzentration c_2 von der Reaktion unbeeinflußt bleibt, nicht mehr aufrecht zu erhalten. Im Gegenteil, dort, wo CO_2-Moleküle und OH^--Ionen zusammentreffen, verschwinden beide unter Bildung von HCO_3^- vollständig; d.h. an dieser Stelle sind sowohl c_1 als auch c_2 gleich Null. Da c_1 an der Phasengrenze und c_2 im Kernvolumen verschieden von Null sind, kann eine Ebene, an der $c_1 = 0$ und $c_2 = 0$ sind, nur im Innern der viskosen Unterschicht existieren. Des weiteren muß als Folge der Reaktionsgleichung (3.191) gelten, daß stets $\dot{n}_1 + \dot{n}_2 = 0$ ist. Und schließlich muß noch die Bedingung erfüllt sein, daß dort, wo $c_1 > 0$ ist, $\dot{n}_2 = 0$ ist und umgekehrt, da die Stoffe 1 und 2 wegen der sehr hohen Reaktionsgeschwindigkeit nicht koexistieren können. Diese Bedingungen führen dazu, daß sich eine scharfe Reaktionsfront im Abstande S_1 von der Phasengrenzfläche ausbildet, in der die beiden Konzentrationen c_1 und c_2 und auch die Ströme $\dot{n}_1$ und $\dot{n}_2$ verschwinden, wie dies in Abb. 3.30 dargestellt ist. Die Lage der Reaktionsfront ergibt sich aus der Bedingung $\dot{n}_1 + \dot{n}_2 = 0$ zu

$$\delta_{l,1} \frac{c_1^* - 0}{S_1} + \delta_{l,2} \frac{0 - c_2}{S_2} = 0. \tag{3.227}$$

Mit $S_1 + S_2 = S$ folgt hieraus

$$\frac{S}{S_1} = 1 + \frac{\delta_{l,2}}{\delta_{l,1}} \frac{c_2}{c_1^*} \tag{3.228}$$

oder, wenn man annimmt, daß $\delta_{l,2} \cong \delta_{l,1} = \delta_l$ ist:

$$\frac{S}{S_1} = 1 + \frac{c_2}{c_1^*}. \tag{3.229}$$

Der Stoffstrom $\dot{n}_1$ ist nun gegeben durch

$$\dot{n}_1 = \delta_l \frac{c_1^* - 0}{S_1} = c_1^* \frac{\delta_l}{S} \left(1 + \frac{c_2}{c_1^*}\right).$$

Mit $\delta_l/S = \beta_l$ folgt schließlich für diesen Grenzfall, den wir den

Grenzfall IV

$k_{RI} \to \infty$ nennen wollen:

$$_{\max}\dot{N}_1 = c_1^* \beta_l \left(1 + \frac{c_2}{c_1^*}\right) A_{Ph}. \tag{3.230}$$

Man nennt diesen Grenzfall auch den der sog. **Momentanreaktion**. Die OH^--Ionen bilden für das CO_2 eine **chemische Senke**. Wenn die Reaktion hinreichend schnell abläuft, wird die Geschwindigkeit der Absorption allein durch die Kapazität der chemischen Senke, gegeben durch die Konzentration c_2, und den Stoffübertragungskoeffizienten β_l bestimmt.

Es ist üblich, in einer zusammenfassenden Darstellung der vier Grenzfälle den Stoffstrom $\dot{N}_1$ im Verhältnis zum Stoffstrom des Grenzfalles II, $Ha \to 0$ nach Gl. (3.225) als Funktion der Ha-Zahl aufzutragen. Diese Funktion hat zwei Parameter, nämlich V_k^* nach Gl. (3.216) und – falls $\delta_{1,l} = \delta_{2,l} = \delta_l$ ist – das Verhältnis c_2/c_1^* nach Gl. (3.230). Sie ist in Abb. 3.31 für die willkürlich gewählten Parameter $V_k^* = 100$ und $c_2/c_1^* = 19$ dargestellt. Man erkennt deutlich die vier zuvor besprochenen Grenzfälle.

Im **Grenzfall I** befindet sich die gesamte Flüssigkeit im physikalischen Gleichgewicht, d. h., sie ist gesättigt mit $c_{1,k} = c_1^* = Hp$. Der maßgebliche kinetische Koeffizient ist der der chemischen Reaktion $k_{RI,1}\, c_2$; die Absorptionsgeschwindigkeit $\dot{N}_1$ ist unabhängig von der Größe der Phasengrenzfläche, dem Stoffübertragungskoeffizienten β_l und dem Diffusionskoeffizienten δ_l.

Im **Grenzfall IV** herrscht im Innern der viskosen Unterschicht in einer Ebene mit dem Abstand S_1 von der Phasengrenzfläche chemisches Gleichgewicht, d. h. $c_1 = 0$ und $c_2 = 0$

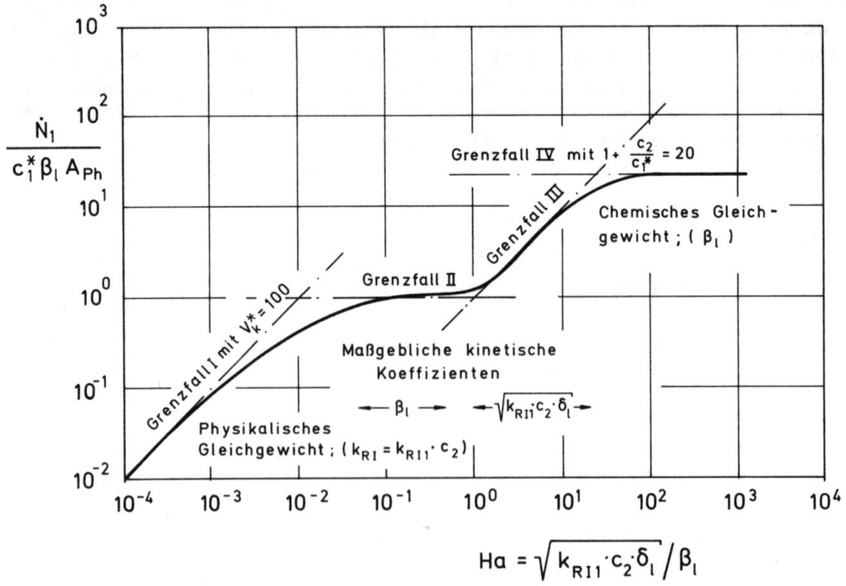

Abb. 3.31 Bezogene Absorptionsgeschwindigkeit in Abhängigkeit der Hatta-Zahl für eine vollständig ablaufende Reaktion bei $V_k^* = 100$ und $c_2/c_1^* = 19$

bei vollständig ablaufender chemischer Reaktion. Der maßgebliche kinetische Koeffizient ist der der Stoffübertragung β_l; die Absorptionsgeschwindigkeit ist unabhängig von der Geschwindigkeitskonstanten der chemischen Reaktion $k_{RI} = k_{RI,1} \cdot c_2$.

Im **Grenzfall III** ist die Absorptionsgeschwindigkeit unabhängig vom Stoffübergangskoeffizienten β_l und damit auch von den hydrodynamischen Kräften zwischen der Gas- und Flüssigphase.

Der **Grenzfall II** ist nur bei hinreichend großem bezogenen Flüssigkeitsvolumen $V_k^* = \sqrt{k_{RI}/\delta_l} \cdot V_k/A_{Ph}$ deutlich ausgeprägt.

Verwendete Formelzeichen

A	m^2	Phasengrenzfläche
a	m^2/m^3	effektive Phasengrenzfläche
c	$kmol/m^3$	molare Konzentration
c_p	J/mol K	Wärmekapazität
f	m^2	Querschnittsfläche
G	mol	Molmenge Gas
H_j	Pa	Henry-Konstante
H	J	Enthalpie
h	J/kg	massenspezifische Enthalpie
Δh_{Ph}	J/kg	Verdampfungsenthalpie
K	–	Gleichgewichtskonstanten
k	$W/m^2 K$	Wärmedurchgangskoeffizient
k_j	m/s	Stoffdurchgangskoeffizient
k_R	1/s	Geschwindigkeitskoeffizient der chemischen Reaktion
L	m	Länge
M	kg	Masse
$\tilde{M}$	kg/kmol	Molmasse, molare Masse
$\dot{M}$	kg/s	Massenstrom
$\dot{m}$	$kg/m^2 s$	flächenspezifischer Massenstrom
N	mol	Stoffmenge
$\dot{N}$	kmol/s	Stoffstrom
n	$kmol/m^3$	molare Dichte
$\dot{n}$	$kmol/m^2 s$	flächenspezifischer Stoffstrom
p	Pa	Druck
$\dot{Q}$	W	Wärmestrom
$\dot{q}$	W/m^2	flächenspezifischer Wärmestrom
R	m	Radius
R_j	J/kg K	individuelle Gaskonstante
$\dot{R}$	mol/s	durch chemische Reaktion produzierter Stoffstrom
$\dot{r}_j = \dot{N}_j/\dot{N}$		relativer Stoffstrom
s	m	Längenkoordinate
S	m	Diffusionsweg bzw. i. A. Dicke der viskosen Unterschicht nach dem Filmmodell
S	–	Selektivität
T	K	Temperatur
t	s	Zeit
u	m/s	Geschwindigkeit
V	m^3	Volumen
w	m/s	mittlere Molekülgeschwindigkeit
X, Y, Z		Massenbeladungen
$\tilde{X}, \tilde{Y}, \tilde{Z}$		molare Beladungen
x, y, z		Massengehalte
$\tilde{x}, \tilde{y}, \tilde{z}$		Molgehalte

Griechische Buchstaben

α	$W/m^2 K$	Wärmeübergangskoeffizient
α_T	–	thermodynamischer Trennfaktor
β	m/s	Stoffübergangskoeffizient (aus $She = f[Re, Sc]$)
β^Θ	m/s	Gl. (1.1) $(\Delta\tilde{z})$, $(\beta^\Theta \to \beta$ für $\tilde{z} \to 0)$

β^0	m/s	Gl. (1.6) $(\Delta\tilde{Z})$, $(\beta^0 \to \beta$ für $\tilde{Z} \to 0)$
γ	–	Aktivitätskoeffizient
δ	m^2/s	Diffusionskoeffizient
ζ	–	dimensionsloser Stoffstrom Gl. (2.91) oder bezogene Länge
ϑ	°C	Temperatur
η	kg/ms (Ns/m^2)	dynamische Viskosität
$\varkappa$	m^2/s	Temperaturleitfähigkeit
λ	W/mK	Wärmeleitfähigkeit
λ_j	m_N^3/kg, bar	technischer Löslichkeitskoeffizient
Λ_{mol}	m	mittlere freie Weglänge der Moleküle
ν	m^2/s	kinematische Viskosität
ϱ	kg/m^3	Dichte
σ	m	Moleküldurchmesser
τ	–	dimensionslose Zeit
φ	–	relative Feuchte

Indices

i, j, k	Komponente
g	Gasphase
l	Flüssigphase
s	Feststoff
Ph	Phasengrenze
w	Wand
0	zum Zeitpunkt $t = 0$
~	molare Größen
*	Gleichgewicht

Kennzahlen

$Ha = \sqrt{\dfrac{\delta \cdot k_R}{\beta_l}}$	Hatta-Zahl	Gl. (3.213)
$HTU = \dfrac{u}{\beta \cdot a}$	height of a transfer unit Höhe einer Übertragungseinheit	Gl. (1.84)
K_g	kinetischer Trennfaktor, gasseitig	Gl. (3.25)
K_l	kinetischer Trennfaktor, flüssigseitig	Gl. (3.19)
$Kn = \dfrac{\Lambda_{mol}}{s}$	Knudsen-Zahl	
$Le = \dfrac{\varkappa}{\delta}$	Lewis-Zahl	
$NTU = \dfrac{\varrho \beta A}{\dot{M}}$	number of transfer units Anzahl der Übertragungseinheiten	Gl. (1.24)
$Nu = \dfrac{\alpha \cdot L}{\lambda}$	Nußelt-Zahl	
$Pr = \dfrac{\nu}{\varkappa}$	Prandtl-Zahl	
$Re = \dfrac{u \cdot L}{\nu}$	Reynolds-Zahl	

$$Sc = \frac{\nu}{\delta}$$ Schmidt-Zahl

$$Sh = \frac{\beta \cdot L}{\delta}$$ Sherwood-Zahl

Konstanten

$C_s = 5{,}6703 \cdot 10^{-8}$	$W/m^2 K$	Strahlungszahl des schwarzen Körpers
$N_A = 6{,}02205 \cdot 10^{23}$	mol^{-1}	Avogadro-Konstante
$\tilde{R} = 8{,}314$	J/mol K	universelle Gaskonstante
$k = 1{,}3800662 \cdot 10^{-23}$	J/K	Boltzmann-Konstante

Anhang

Berechnung von Diffusionskoeffizienten

– nach HEDH 5.2.5–3[13] bzw. Reid et. al.[14] –

Von Fuller et. al. wird folgende empirische Korrelation zur Berechnung der binären Diffusionskoeffizienten in Gasgemischen vorgeschlagen

$$\delta_{12} = \frac{1{,}013 \cdot 10^{-7}\, T^{1{,}75}(1/\tilde{M}_1 + 1/\tilde{M}_2)^{1/2}}{P[(\sum v)_1^{1/3} + (\sum v)_2^{1/3}]^2},$$

mit T in Kelvin, p in bar und δ_{12} in m^2/s.

Die „Diffusionsvolumina" werden mit Hilfe von Tab. 2 bestimmt. Diese Werte wurden durch Regressionsanalyse aus experimentellen Werten von Diffusionskoeffizienten ermittelt.

Beispiel

Bestimmung des Diffusionskoeffizienten von Methan in Wasserdampf bei $T = 352$ K und $p = 1{,}013$ bar. Die Molmasse von Wasser beträgt 18,02, das von Methan 16,04.

Tab. 2 aus HEDH[13]

Atomare Inkremente zur Bestimmung des „Diffusionsvolumens" von Molekülen			
C	16,5	(Cl)	19,5
H	1,98	(S)	17,0
O	5,48	Aromatische oder heterozyklische Ringe	– 20,2

Diffusionsvolumina einfacher Moleküle			
H_2	7,07	CO_2	26,9
D_2	6,70	N_2O	35,9
He	2,88	NH_3	14,9
N_2	17,9	H_2O	12,7
O_2	16,6	(CCl_2F_2)	114,8
Air	20,1	(SF_4)	69,7
Ne	5,59		
Ar	16,1	(Cl_2)	37,7
Kr	22,8	(Br_2)	67,2
(Xe)	37,9	(SO_2)	41,1
CO	18,9		

Die Diffusionsvolumina ergeben sich nach Tab. 2 zu:

$$v_{H_2O} = 12{,}7$$

$$v_{CH_4} = \vartheta_C + 4\vartheta_H = 16{,}5 + 4 \cdot 1{,}98 = 24{,}42.$$

Der Diffusionskoeffizient berechnet sich dann zu

$$\delta_{12} = 3{,}59 \cdot 10^{-5}\,\mathrm{m^2/s}.$$

Für den Diffusionskoeffizienten Luft-Wasserdampf wird die Korrelation nach Rossie [15] empfohlen:

$$\delta_{12} = 2{,}28 \cdot 10^{-5}\,\mathrm{m^2/s}\left(\frac{1\,\mathrm{bar}}{p}\right)\left(\frac{T}{273\,\mathrm{K}}\right)^{1{,}80}.$$

Weitere, i.a. aufwendigere Methoden zur Berechnung von Diffusionskoeffizienten sowie einige experimentelle Werte finden sich in [14].

Abschätzung von Stoffübergangskoeffizienten

Stoffübergangskoeffizienten β werden mit Hilfe der Funktion

$$Sk = Sh\{Re, Sc\}$$

in Analogie zur Bestimmung von Wärmeübergangskoeffizienten α, die ihrerseits mit Hilfe der Funktion

$$Nu = Nu\{Re, Pr\}$$

bestimmt werden, ermittelt. Die Funktionen Sh und Nu sind praktisch identisch und für überströmte feste Oberflächen gut bekannt (siehe z. B. VDI-Wärmeatlas oder Lit. 5).

Gasseitige Stoffübergangskoeffizienten an überströmten Flüssigkeitsoberflächen werden in erster Näherung nach den gleichen Beziehungen berechnet.

Flüssigseitige Stoffübergangskoeffizienten an freien Flüssigkeitsoberflächen (Rieselfilmen, Blasen) liegen erfahrungsgemäß in der Größenordnung von $\beta_l \cong (1$ bis $10) \times 10^{-4}$ m/s.

Literatur

[1] Schlünder, E. U. (1981), Einführung in die Wärmeübertragung, Friedr. Vieweg u. Sohn, Braunschweig, Wiebaden.
[2] Fick, A. E. (1855), Poggendorffs Ann. Phys. Chem. 94.
[3] Stefan, J. (1890), Ann. Phys. 41.
[4] Hirschfelder, J. O., Curtis, C. F., Bird, R. B. (1967), Molecular Theory of Gases and Liquids, John Wiley and Sons, Inc., New York.
[5] Bird, R. B., Stuart, W. E., Lightfoot, E. N. (1960), Transport Phenomena, John Wiley and Sons, Inc., New York.
[6] Chichelli, M. (1951), Chem. Eng. Prog. 47, S. 63, 123.
[7] Glasstone, S., Laidler, K. J., Eyring, H. (1941), Theorie of Rate Processes, McGraw-Hill, New York, Chapter IV.
[8] Kaltenbacher, E., Schlünder, E. U. (1979), vt, Verfahrenstechnik 13, 3, S. 161, 163.
[9] Fullarton, D. (1983), Chem. Eng. Fund. 2, 1, S. 53–66.
[10] Nußelt, W. (1916), VDI-Z. Bd. 60, Nr. 27, S. 541, 546, 569, 575 (Nußelt'sche Wasserhauttheorie).
[11] Gropp, U., Schnabel, G., Schlünder, E. U. (1981), vt, Verfahrenstechnik 15, 10, S. 725, 728.
[12] D'Ans, Lax, G. (1967), Taschenbuch für Chemiker und Physiker, Springer Verlag, Berlin, Heidelberg, New York.
[13] HEDH, Part V, 5.2.5, Heat Exchanger Design Handbook 1983, VDI-Verlag, Düsseldorf.
[14] Reid, R. C., Prausnitz, J. M.; Sherwood, T. K. (1977), The Properties of Gases and Liquids, McGraw-Hill, New York, S. 544–566.
[15] Rossie, K. (1953), Die Diffusion von Wasserdampf in Luft bei Temperaturen bis 300 °C; Forsch.-Arbeit Geb., Ing.-Wesen 19, S. 49–58.

Lehrbücher

Welty, J. R., Wicks, C. E., Wilson, R. E. (1969), Fundamentals of Momentum, Heat and Mass Transfer, Wiley and Sons, Inc., New York, London.

Sherwood, T. K., Pigford, R. L., Wilke, C. R. (1975), Mass Transfer, McGraw-Hill, New York.

Treybal, R. B. (1968), Mass Transfer Operations, McGraw-Hill, New York.

Brauer, H. (1971), Stoffaustausch, Sauerländer, Aarau, Frankfurt/M.

Grassmann, P. (1983), Physikalische Grundlagen der Verfahrenstechnik, Sauerländer, Aarau, Frankfurt/M., und Salle, Frankfurt, Berlin, München.

VDI-Wärmeatlas, (1983), VDI-Verlag, Düsseldorf.

Bird, R. B., Stuart, W. E., Lightfoot, E. N. (1960), Transport Phenomena, John Wiley and sons. Inc. New York.

Sachverzeichnis

A
Absorption, physikalische 88ff
– von Gasen 91
– von Gasgemischen 92ff
Ackermann-Korrektur 38
Adiabatische Beharrungstemperatur 13ff, 18
– Sättigungstemperatur 13, 18
Aktivitätskoeffizienten nach van Laar 72
Anzahl der Übertragungseinheiten 9f, 15ff, 59, 63ff

B
Behältersieden 78
Beladung 3

C
Chemische Wäsche 103ff

D
Dampfdruck nach Antoine 72
Diffusion
– durch Membranen 31
– in Flüssigkeiten 52
– Knudsen'sche 25
– polynäre 44ff
– Stefan'sche 28, 30
Diffusionsdestillation 68ff
Diffusionskoeffizienten, Berechnung 114

E
Eindampfkurven 62f

F
Filmmodell 54, 104
freie Weglänge 25
Füllkörpersäule 21f

H
halbdurchlässige Wände 34
Henry-Konstante 89

K
kinetischer Ansatz 2f
Kondensation 85f
– bei Anwesenheit von Inertgasen 73ff
– geschlossene 86
– lokal totale = brutale 86
– offene 86
Konzentration 3

L
Lewis'sches Gesetz 14
Löslichkeitskoeffizient
– Bunsen'scher 89
– technischer 88

M
Molekülgeschwindigkeit 26, 29
Molenbruch 2
Mollierdiagramm 13f, 16, 23

P
Penetrationsmodell 55

R
Reaktion, langsame, momentane, schnelle, sehr schnelle 108, 110
Relaxationszeiten, Diffusion 106
– Reaktion 106
– Stoffübertragung 10
Rieselfilm 81
Rieselfilmsäule 20

S
Schleppmittel 8
Selektivität 61ff, 66, 68ff, 73, 80, 88, 92f
Sprudelschicht 8
Sprühturm 23
Stefan-Maxwell'sche Gleichungen 44
Stoffdurchgangskoeffizient 63, 91
Stoffübergangskoeffizient 2f, 5ff, 25, 27
– Berechnung 115

T
Trennfaktor, thermodynamischer 58
– kinetischer, flüssigseitig 58
– – gasseitig 59
Trocknung von gemischhaltigen porösen Stoffen 68

V
Verdampfung 78ff
– geschlossene 81ff
– lokal totale = brutale 84
– offene 78, 82f
Verdunstung, adiabate 11, 37
– isotherme 8, 34
– von Gemischen 56ff
Verweilzeit 9

W
Wärmeübergangskoeffizient 13
Wirkungsgrad 10, 15, 21f